人体奥秘

表象背后的人体科学

（澳）莎拉·霍尔珀 / 著

唐祥译 / 译

辽宁科学技术出版社
·沈阳·

This is translation of WHAT'S WRONG WITH YOU? published in 2021 by Hardie Grant Books, an imprint of Hardie Grant Publishing
Copyright Text © Sarah Holper 2021
All rights reserved.

©2023 辽宁科学技术出版社
著作权合同登记号：第06-2022-105号。

版权所有・翻印必究

图书在版编目（CIP）数据

人体奥秘：表象背后的人体科学 / (澳) 莎拉・霍尔珀著；唐祥译译. — 沈阳：辽宁科学技术出版社，2023.3

ISBN 978-7-5591-2860-7

Ⅰ.①人… Ⅱ.①莎… ②唐… Ⅲ.①人体科学—普及读物 Ⅳ.①Q98-49

中国版本图书馆 CIP 数据核字 (2022) 第 257575 号

出版发行：辽宁科学技术出版社
（地址：沈阳市和平区十一纬路 25 号　邮编：110003）
印 刷 者：辽宁新华印务有限公司
经 销 者：各地新华书店
幅面尺寸：145mm × 210mm
印　　张：9.75
字　　数：260 千字
出版时间：2023 年 3 月第 1 版
印刷时间：2023 年 3 月第 1 次印刷
责任编辑：张歌燕
装帧设计：袁　舒
责任校对：徐　跃

书　　号：ISBN 978-7-5591-2860-7
定　　价：59.80 元

联系电话：024-23284354
邮购热线：024-23284502
E-mail:geyan_zhang@163.com

谨以此书，致我的父母

感谢你们将我带到这个世上

并给予我坚定不移的帮助与支持

目 录

绪 论

作为一名医生，我接触过许许多多奇怪的事情。我不排斥与人讨论为什么排便次数会随着年龄的增长而逐渐增加，也乐意讨论为什么有着大面积文身的人还会害怕针头，以及为什么提到“睾丸损伤”就会让男同胞们不自觉地盘起双腿。我同时还掌握一些外科手术的操作技能：我学习过如何进行眉缝术，如何在颅骨上钻一个孔，以及如何切除阑尾和皮肤肿物。我曾有一次竟然从一位咖啡师的前臂中取出了一枚钉子。最重要的是，我知道每个人都对自己的身体有着浓厚的兴趣：它现在的处境如何？它会出现什么问题？当它出现问题时，人会有什么样的症状？

世间的每一人都有一个独一无二的躯体，而且，每个人都不可避免地会生病。除非你是学医的，否则你永远也不会知道一些常见的症状究竟代表着什么。为什么青少年和健美运动员容易得痤疮？为什么当疲惫、紧张或者觉得无聊时（就像现在读我这本书时）会打哈欠？为什么男性容易秃顶，而女性（以及变性人）不容易秃顶呢？

患者常常为自己缺乏医学专业知识而感到难为情，而我每次都会这样安慰他们：为什么你必须要了解你的身体是如何运作的？仅仅是因为你拥有一个躯体？我举个例子吧。我有一个微波炉，在我看来，它就是通过一个神奇的旋钮来工作的，我并不需要了解它的工作原理。同样，我并不会因为我不会说葡萄牙语而感到羞愧，因为没人教过我。一些患者假装自己懂一些医学术语以使自己看起来不那么“愚蠢”，而另一些患者却因为焦虑而导致病情恶化，因为他们总是将自己的症状错误地认为是某些疾病（尤其是癌症或者某种罕见的传染病）晚期的先兆。

医生在关于人体的知识方面有着绝对的权威。曾经，我们通过解剖尸体来学习解剖学。如今，我们在医学院里耗费数年的时间学习关于人体功能的科学。我们毕业之后，很多人都忘记了那难以理解的、错综复杂的人体解剖学和生理学的知识并不是普通人都了解的常识。

在诊断方面，医生常常用各种各样的带有拉丁文标签的词汇解释患者的症状。但是患者（包括正常人）并不懂我们经常使用的这些让人难以理解的术语，比如心肌梗死、短暂性脑缺血发作、面肩肱型肌营养不良症（嗯，我们不经常用这个词）。大多数患者只希望医生能解释他们体内发生了什么导致他们感到如此难受。掌握这方面的知识，不仅仅吸引人，还能在心理上促进患者的康复。

好在，医学模式正在从“医生最懂”的模式迅速地转变。仅仅是向患者保证他的症状是“正常的”或者“没什么可担心的”已经不太能让患者接受。当感觉不舒服时，每个人都有了解自己身体出现了什么问题的权利。

健康方面的错误观念困扰着各个阶层、各个地区以及受不同程度教育的人。来自知名人士、私人教练、社交媒体的一些“虚假”的建议总是被人们视为真理。你肯定不会听一个明星来教你如何修水龙头，所以你也不应该听从他们的建议来缓解腹泻的症状。每15个谷歌检索中就有一个与健康有关，每天有超过10亿次的谷歌线上医生咨询，如果你能从一个可靠的渠道了解身体情况，那再好不过了。

这本书里有大量的上文说的那些状况，也有我在医学院读书时与当医生之后的丰富经历。读这本书时，甚至你会“闻到”福尔马林那呛鼻的气味。书里面也有许许多多的医院轶事、文化引领和历史奇闻。如果你想知道你为什么会头痛、打嗝、秃顶、咳痰、耳鸣、流涕（顺便说一嘴，这些词汇是1937年经典作品《白雪公主和七个小矮人》中怀特·迪斯尼未采纳的小矮人的名字）。那么，请跟我一起走进这本书吧！

莎拉·霍尔珀医生（Dr. Sarah Holper）

大脑

头 痛

大脑是唯一一个自主命名的器官。
思考一个问题太久，可能会导致头痛。

在一个班卓琴手演奏所需要的技能当中，对精细运动的出色控制也许是最重要的，而能容忍他人对自己技艺的轻视则是另一种能力。21世纪初，美国卓越的班卓琴演奏家艾迪·阿德考克（Eddie Adock）出现了弹琴的手不自觉震颤的症状，这种症状是由一种叫作“特发性震颤”的疾病所导致的。没有任何药物能控制他右手的震颤，这可能会断送他的职业生涯。艾迪表示：“这或许是我一生中经历的最具毁灭性的事情。”

2008年，为了缓解震颤的症状，70岁的艾迪接受了“脑深部刺激术”。田纳西州范德比尔特大学医学中心外科医生约瑟夫·内梅特（JosepH Neimat）首先在艾迪的颅骨上钻了一个孔，然后用金属电极刺激暴露的大脑。约瑟夫·内梅特将金属电极向大脑里面推入，直到针尖到达丘脑——导致不自觉震颤发作的区域。手术团队希望通过电极尖释放电流来干扰丘脑发出的震颤信号。

艾迪手里拿着班卓琴，在三个半小时的治疗过程中始终保持着清醒的状态，手术团队享受了一场私人的班卓琴音乐会（嗯，如果你对蓝草音乐有着独特的看法，你也可以让他们参与进去）。当医生调整电极深度时，艾迪会给出关于对弹奏的控制和刺激强度的反馈。经过一丝不苟的毫米级别与毫伏级别的调校，艾迪颤抖的拨弦变得越发完美。他说：“我知道了外科医生的‘甜蜜点’在何时了，就是现在！”

虽然这个奇妙的手术对外科医生来说很艰难，但是对艾迪来说并不感觉痛苦。如果打开你的颅骨，用一根锋利的棍子戳你的大脑，你也不会感觉到什么。当然，切开头皮并切除颅骨的过程可能有些疼，但是真正刺激大脑时没有任何痛苦的感觉。你的大脑本身感受不到疼痛。它接收来自身体各个地方痛觉感受器传输的信息，除了它自己的。因为刺穿大脑或者大脑切片都是无痛的，所以像艾迪这样的手术可以在患者清醒的状态下进行。

让患者在清醒状态下进行手术不仅仅是省了麻醉药的钱，如果神经外科医生误入了大脑的某个关键区域，意识清醒的患者可以迅速地说明这一情况（比如报告“我不能移动我的左脚了”或“我不能清楚地讲话了”）。实时反馈可以避免外科医生错误地切除患者大脑的功能区域。如果患者是在麻醉状态下进行手术，那么神经外科医生只能靠患者苏醒后发现自己瘫痪了或者失声了才能了解手术时不小心损坏了一个关键的大脑结构。

一些神经外科医生更喜欢一种“睡眠—清醒—睡眠”（术中唤醒）的策略。患者最初处于麻醉状态，意识不到颅骨钻孔时产生的巨大噪声与震动，但在进行脑部手术时会将患者唤醒，然后在缝合头皮时再将患者麻醉。最后阶段的“睡眠”可以减轻患者的焦虑，还有一个好处就是，可以让医生们不受约束地随意谈论一些题外话，比如自己将要如何度过周末时光。当然，我只是开一个小玩笑——神经外科医生周末很少休息，他们在手术中也基本不会闲聊的。

*

举起你的两个拳头，摆出要打出一拳的姿势。现在，将你的拳头靠在一起，十指紧贴，这就是大脑大致的大小与形状——一个约1.4千克重的布满沟回的器官，负责你的思考、言语与行动。大脑75%都是水，质感很软，就像豆腐一样。将新鲜的大脑放在平整的工作台上，大脑会在重力的作用下变形以及破裂。但值得庆幸的是，在人体内，颅骨之下的大脑被三层脑膜所支撑。这三层“保鲜膜”内还含有一层缓冲液体，悬吊你的大脑使其保持形状。

这三层脑膜都有明显的特征。最里层的脑膜最为脆弱，它轻柔地包裹着大脑的每一个部分，叫作“软脑膜”（拉丁语里称为loving mother“给予无私的爱的母亲”）。第二层脑膜像蜘蛛网一样附在软脑膜上，因此，它被称为“蛛网膜”（spider mother“蜘蛛母亲”）。在软脑膜与蛛网膜之间有一层薄薄的液体在流动，这种看起来像水一样的液体叫作“脑脊液”。将蛛网膜固定在颅骨上的是第三层，也是最外层，是纤维性的“硬脑膜”（tough mother“坚强的母亲”）。

我们可以拿一个橘子来类比三层脑膜之间的结构关系，每一小部分的橘子都有表面的“筋络”层次、蜘蛛网状的层次和坚硬的外皮。将脑膜称为“母亲”这一表述有点儿让人奇怪，它来源于公元10世纪波斯内科医生哈里·阿巴斯（Haly Abbas）所译的一篇医学论著。当时，阿拉伯医生称脑膜为“母亲”，因为他们认为脑膜是体内其他保护膜的来源（就像一位母亲，繁衍后代）。

正如艾迪·阿德考克证明的那样，你的大脑无法感觉到任何东西，所以，头痛这种疼痛，并不是来自大脑本身。虽然大脑没有痛觉感受器，但可惜的是，它周围的结构并非如此。你的硬脑膜、头皮、颈面部肌肉、鼻窦、眼睛、牙齿、耳道、颅内血管和颅骨内表面均对疼痛敏感。即便你的脑膜是一位坚强的“母亲”，任何刺激、推拉、感染或其他损害这些部位的因素都会导致头痛。

从一名专业医生的角度来看，头痛大致分3种类型：有致命风险的头痛、常见的头痛、罕见的头痛。下面我们来一一介绍。

有致命风险的头痛

首先，让我们来谈一个十分重要的问题：头痛可能是得了脑肿瘤吗？如果你没有其他的症状，只是单纯头痛，那不太可能是肿瘤。通常脑肿瘤会引起头痛以及其他的神经系统症状，像癫痫、意识障碍、行为渐变或局部肢体虚弱无力。有研究表明，2%～16%的成年脑瘤患者主诉仅有孤立性头痛，没有其他的症状。[1]

脑肿瘤引起的头痛与颅内压有关。颅骨是一个像岩石一样坚硬的外壳，包含着容积1400～1700毫升的颅腔。因为颅骨不能延展扩大，所以，如果大脑由于任何原因导致体积上的增大（例如：脑肿瘤、脑动脉瘤破裂、脑脓肿），颅内压也会相应升高。多个痛觉敏感区被压迫会引起头痛（例如大脑肿胀压迫硬脑膜）。典型的脑瘤引起的头痛一般在晨起时加重，时常使患者因疼痛从睡梦中惊醒。而如果位于脑干的“呕吐中枢”被肿瘤压迫，那么患者可能会出现喷射性呕吐，而呕吐前没有恶心这一伴随症状。

颅内压的急剧增加是非常恐怖的。当颅内没有可延展的空间时，大脑别无选择，只能像挤牙膏一样挤向颅底的孔，脊椎正位于此处。当发生这种情况时，可能会瞬间致命，用术语来说就是“脑疝”。

经常登山的人比较熟悉登山线路上的警示牌，上面会警告有头痛症的人禁止向上攀登。2000多年来，头痛始终困扰着那些渴望攀岩的人。在中国汉朝（公元前206年—公元220年），丝绸之路上的旅人常被头痛困扰，以至于中亚大陆的高海拔路段被人们称为“大头痛山”和“小头痛山”。

在超过海拔3000米的居住地区，有一半的居民可能会受头痛的困扰，通常是头前额疼痛伴紧束感与沉闷感，运动时症状会加重。当所在的海拔越高，每次呼吸的含氧量就越少。脑供血必须增加25%才能满足基本的氧饱和度。供血量的增加使脑血管内压力增加，从而导致比较严重的头痛。更糟的是，因血容量的增加，可能会造成血管破裂，血管中的高渗压成分渗入脑组织，大脑会因此而肿胀，这种情况叫作“脑水肿”（同样，肺渗漏现象，叫作“肺水肿”）。随着大脑不断地肿胀，发生“脑疝”只是时间问题。

动脉瘤是动脉血管薄弱部分的异常膨胀与凸出。就像聚会上装饰用的气球，动脉瘤的壁很薄，因此它们很容易破裂。如果脑动脉瘤破裂，产生的突然性剧烈的头痛被称为“霹雳样头痛”。有趣的是，这种感觉普遍被描述为像被棒球棒击打后脑勺的感觉（在澳大利亚的一些医院，一般描述为被板球棒击打后的疼痛）。

一个大的脑动脉瘤破裂，会造成情况极为严重的脑出血，甚至是死亡。在生活中的一些高压时刻，身边的人可能会提醒你：“冷静下来，否则你可能会得动脉瘤。”这样的言语十分恼人，在医学上也并不准确。目前我们尚不清楚动脉瘤形成的原因，你也肯定不会因为压力大就会得动脉瘤。更准确更科学的提醒是：“科学研究表明，如果你不冷静下来，持续的高血压会增加你得动脉瘤的风险。”

常见的头痛

几乎每个人都经历过头痛。调查显示，有将近96%的人都有过头痛的经历。[2] 根据全球疾病负担研究的数据，2016年，有约30亿人患有紧张性头痛或偏头痛。[3] 同样的研究还发现，紧张性头痛是世界上第三大普遍的疾病（仅次于蛀牙和结核病），偏头痛排名第六。

大家都很清楚头痛的感觉：发作时，就感觉有一个老虎钳在重重地挤压大脑两侧。这就是紧张性头痛，80%的人都经历过。我们以前管它叫“紧张”“压力”“肌肉收缩”或“心理”头痛，因为我们认为头痛来自心理压力所致的持续性颈部肌肉收缩。近期的一项研究结果推翻了上述理论，这引起了神经科医生之间的争论，最后大家一致认为应该加个修饰词后缀“……性”，如“紧张性”头痛。

造成紧张性头痛的确切机制尚不清楚。可能是因为在头颈部周围有过度活跃的痛觉感受器，对通过脊髓和大脑传递的痛觉信息高度敏感。无论发生原因是什么，单纯建议患紧张性头痛的人“好好休息，放轻松就好了”是没有什么用的（而且很可能反而会增加紧张感）。

偏头痛不仅仅是一个比较棘手的头痛类型，它还比较特别，可能与暂时性脑功能障碍有关。疼痛是偏头痛发展四阶段的第三阶段，可持续几天。并不是每个患有偏头痛的人都会经历这四个阶段，事实上，有的人甚至不会经历疼痛阶段。

多达3/4的偏头痛患者在头痛前几天会出现预警症状。患者常主诉疲劳、注意力不集中、易怒、不明原因地打哈欠，小便次数增加。部分患者会有想吃一些奇怪的食物的想法：我的一个患者竟然特别想吃鸡肉（她是一个素食主义者）；另一个患者对糖产生了迫切的需求，这种欲望甚至驱使她去舔糖罐子。所有的这些症状皆由下丘脑引起，下丘脑是大脑深部的结构，负责调节人体诸多的基本生理功能，包括渴觉、食欲、情绪、体温和昼夜节律。

在头痛出现的前几个小时内，1/3的偏头痛患者会出现奇怪的先兆症状，持续时间不长。以闪光幻觉症状最为常见。起初是偏离视野中心的一个亮点，逐渐扩展为闪闪发光的“新月”。一些几何形状与锯齿状的线条围绕在边缘，锯齿状的线条叫作“闪光暗点”，它们看起来像保卫中世纪城堡的护城河与围墙的俯视图。“新月”会慢慢地飘到你的视野周围，之后留下一个盲点。其他的非视觉症状包括四肢有针刺感、言语不清以及半身无力等。

眼睛里出现闪光被认为是大脑皮质的高级中枢异常刺激所致。在大脑皮质顶端，神经元疯狂地发出刺激信号（让你眼里产生锯齿状的线条）。之后，疲惫的神经元无法再释放刺激信号，就会留下一个视觉盲点。研究人员对有视觉先兆症状的患者采用实时成像技术，测定出神经元释放的这个刺激信号以每分钟3毫米的速度在大脑表面传播。

先兆症状之后，接续而来的就是头痛了。头痛的性质是搏动性的、严重的、局部的（偏头痛这个词来自希腊语，意思是“半个脑袋疼痛”）。患者对光、声音与行动非常敏感，这些因素会加重患者的疼痛。为了避免疼痛加剧，患者常常在一个隔绝光线的房间里睡觉，如果不进行治疗，疼痛会持续4小时至3天。许多因素是造成该种头痛的原因，包括先兆期神经元释放的刺激信号。在神经元释放刺激信号的时候，会同时释放一种导致疼痛的化学物质，可以激活脑膜上的痛觉感受器，由此产生的炎症反应与血管内血流变化使疼痛持续下去。

在最后的恢复阶段，患者通常感觉筋疲力尽，但是有的人却十分开心（虽然这种疲倦感会超过疼痛消退后的轻松）。

我们不知道为什么有的人会患上偏头痛，但肯定有遗传因素在作祟。大约70%的偏头痛患者的一级亲属也会患偏头痛，如果你的亲戚患上了有先兆症状的偏头痛，那你患偏头痛的风险会翻两番。[4]

对于有偏头痛经历的人来说，某些行为可能会引发该病。好多人喜欢在山上的小木屋里度过一个慵懒的周末，无论外面如何电闪雷鸣，屋内燃着篝火，烤着肉，再来点儿红酒。但是对于偏头痛患者来说，这种生活如噩梦一般。所有的这些行为——睡在高海拔的地区、酒精、肉食与奶酪中的硝酸盐、烟雾、暴雨，甚至是周末本身——都是已知的偏头痛的诱因。其他常见的偏头痛诱因包括月经、禁食、强烈的刺激性气体和压力过大等。我曾治疗过一个病人，她每次碰见她前男友都会诱发偏头痛，并因此卧床不起，后来她搬到了州际公路附近，再也碰不到前男友了，她的偏头痛也没再犯过。

世界上大约有12%的人患有偏头痛。有趣的是，当你把人口范围缩小到神经科医生群体时，会有超过一半患有此病。[5] 12%的数据可能不准确，因为有很多人能忍受偏头痛的症状，因此未得到准确诊断。而神经科医生——研究大脑的专家，会更准确地将自己的症状判断为偏头痛，因此有更高的诊断率。或者是患有偏头痛的年轻医生，因此会去学习与神经科学相关的知识来了解他们的症状。医生们开玩笑地说，患专业能力范围内的疾病，我们的比例往往失调。心脏病专家患心脏病，肿瘤科医生患肿瘤，放射科医生给自己做CT扫描——所以神经科医生应该患偏头痛。或者是因为，神经科医生的大脑经常处于不断思考的抽象状态而受到伤害。

罕见的头痛

在医学院读书时，老师教导我们："当你听到马蹄声时，首先想到的是一匹马，而不是斑马。"意思是"不要把简单的问题复杂化"。另一个类似的格言是"常见病常发生"。事实上，大多数头痛都是那匹"马"，是比较常见的类型：紧张性头痛与偏头痛。但偶尔这"疾驰的马"却是头痛中的"斑马"。在这里，我把它们归纳在一起。

冰锥性头痛，其特点是头部周围有剧烈的、转瞬即逝的刺痛感。这些患者通常还会有其他类型的头痛，如偏头痛。"冰锥"往往会刺到除上述类型头痛发生区外的其他地方，这表明疼痛可能是由痉挛的、过度敏感的神经元随机释放刺激引起的。

患有"硬币性"头痛的患者是在头皮的一块类似于硬币大小与形状的区域发生疼痛。通常疼痛区只有固定一块，但是有个别患者表示有两个"硬币"区域发生疼痛。

睡眠性头痛，又叫"闹钟性"头痛，只在睡眠中发作，使患者从睡眠中痛醒。它是一种几乎只发生在老年人身上的头痛类型，平均发病年龄在60岁左右。

运动性头痛会导致整个头部血管的搏动，这种头痛是由体力消耗引起的，特别是在天气炎热的时候或高海拔地区。

性交性头痛是一种性行为（性交或者手淫）引起的头痛。神经科医生将该头痛分为“性高潮前”（疼痛逐渐随着性行为而被唤起）和“性高潮时”（性高潮时刻产生霹雳样头痛）。对这种头痛来说，最重要的是要确保患者不是发生了脑动脉瘤破裂。我们在前面说过，脑动脉瘤破裂也会引起霹雳样头痛。尤其令人担忧的是，有12%的脑动脉瘤患者告诉医生（根据我的经验，有很多人羞于开口）自己在性交过程中头部出现迅速的“拍击”感。建议反复发作性交性头痛的患者在性交前30～60分钟时服用消炎药，这虽然降低了这种疾病自发的可能性，但最好在每次性交后尽快去趟医院，以确保脑血管没有破裂。

最后一种罕见的头痛是从集性头痛，被认为是人类所经历过的最痛苦的情况之一。严重剧烈的头痛甚至会使病人自杀，因此它有个别名叫“自杀性头痛”。让人庆幸的是，从集性头痛的发生率很低，大概每一千人中发病1例，男性的患病率是女性患病率的5倍。从集性头痛之所以得此名，是因为它会反复发作：烧灼样的疼痛每天发作8次，持续几周或几个月，两次发病之间是数月至数年的缓解期。非常不幸的是，约15%的患者经历了持续发作多年的疼痛。

从集性头痛有着不可思议的季节性与节律性。冬至和春分是高发期。为了让大家意识到这一点，每年3月21日为“从集性头痛日”，这是北半球春分的日期（在南半球则是9月23日）。从集性头痛的发作不仅仅遵循日历，它好像有自己的时间表一样，通常发生于每一天的同一个时间，甚至精确到分钟。夜间发病非常常见，很多患者也因此患上了失眠症。从集性头痛季节性与节律性的发作强烈提示患者体内的生物钟可能发生了故障，即负责你昼夜节律的下丘脑出了问题。我们不知道为什么下丘脑会引起烧灼样的疼痛，我们也不知道为什么吸入纯氧会缓解症状（因此我们需要宣传“丛集性头痛日”来促进进一步的研究）。

“像被一根红热的火棍刺到眼睛”，这是对丛集性头痛奇怪的描述。疼痛总是出现在脑袋的一侧或一只眼睛的周围，并伴有患侧眼睛流泪，结膜充血，瞳孔缩小，眼睑肿胀和下垂的症状。鼻子内有鼻涕产生，但是鼻涕只从患侧鼻孔流出，非患侧的那一半面部会发热出汗、潮红。这些疼痛的伴随症状是自主神经释放刺激信号导致的，自主神经负责那些不受你意识所管控的身体功能，如瞳孔大小与血管宽度。烦躁不安与自残的症状也很常见。上述症状发作持续15～180分钟后，所有症状会突然消退，直到第二天晚上。

患者每发作一次，就要经受数周至数月反复的疼痛，睡眠被剥夺，还要生活在对下一轮折磨的恐惧之中。也许现在你就能理解它这可怕的绰号了——自杀性头痛。头痛，特别是丛集性头痛，不仅仅是脑袋的疼痛，它会造成重大的、无形之中的痛苦。以下这段充满痛苦的描述来自一位丛集性头痛患者，并发表在《牛津临床医学手册》（*Oxford Hand book of Clinical Medicine*）上，名为《一位极端状态下的父亲》（*The father in extremis*）：

……下楼时我很小心，为了不把我的孩子们弄醒。如果他们看见了我每天晚上在干什么，他们不会再像以前一样对待我了。他们的父亲，天不怕地不怕的保护者、无私勤奋的生产者，泪流满面，

翻来覆去，把脑袋撞向坚硬的木质地板。疼痛是如此的强烈，我想大叫，但我从来没有大叫过。我往下走了三段楼梯，在这儿孩子们听不见。我跪在地上，把手放在后脑勺上，十指相扣。我把头夹在两臂之间，用将要把颅骨挤碎的力量挤压我的脑袋。我四处打滚，把头往地板上撞，用手掌用力按压左眼。我在找我的手机，它一直是我消磨时光的利器。我用手敲打我的左太阳穴，创造了一个敲击的节奏，每次敲击都是在驱逐脑袋里的“恶魔”。[6]

总结：你的大脑感觉不到疼痛。头痛的痛感起源于大脑周围的痛觉敏感区，如血管和大脑的保护结构。

知识链接

炸药引起的爆炸性头痛

每天跟炸药在一起工作会对健康造成重大的影响：失去四肢、失去生命，或者是剧烈的头痛。布尔战争之后，那些处理炸药的人经常发生头痛。一些火药库工人管这种搏动性头痛叫作“爆炸头（bang head）”，其他人管它叫作“火药头（powder head）”。说实话，这种病的发病率在两次世界大战时与炸药的生产量一起飙升，达到峰值。引起头痛的化合物是用于制造火药和炸药的有机硝酸盐，如硝酸甘油和TNT（三硝基甲苯）。这些硝酸盐可以通过皮肤被吸收并释放入血。第一篇关于一位处理硝酸盐的男性出现头痛症状的描述是在1910

年发表的一篇题为《硝酸甘油头》（*Nitroglycerin head*）的文章里：

一个从事火药制作工作的人可能因为握手或者允许他人使用自己的物品而给别人带来极大的痛苦。工人经常穿着附着有这些物质的工作服回家，这可能会给家里人带来疾病。睡在一张床上或者穿同一件受污染的衣服也会有同样的后果[7]*。一旦硝酸盐进入血液，就会转变为一氧化氮，使全身血管扩张，包括大脑里的血管。扩张的血管内血容量增加，因此颅内压升高。颅内压升高，刺激颅骨内的痛觉感受器，导致严重的搏动性头痛。任何在重力作用下导致血液聚集在脑袋的姿势，比如向前弯曲或躺下，都会引起一阵疼痛。*

强制穿防护服减少了爆炸性头痛的发生。如今，硝酸盐被应用于药品制作。流向心肌的血液减少会导致胸痛，叫作心绞痛。服用硝酸盐类药物，通常在舌下含服，可以扩张供应心脏的血管。更多的血液供应会提供更多的氧气，从而缓解胸痛。不出意外，头痛便是这种药物常见的副作用。

饮水与头痛

因为大脑的75%是水，所以它对脱水非常敏感。液体摄入不足（或液体流失过多，比如当你宿醉时），会导致大脑暂时性轻微萎缩。当大脑开始萎缩，牵拉着固定在颅骨上的对疼痛敏感的硬脑膜，脑内的这种“拉扯战”会引起头痛。渴了想要喝水时，不要一口饮大量的冰水，这可能会导致另外一种头痛：蝶腭神经节神经痛（“大脑冻结”头痛“Brain freeze” headache）。当冷水进入到你的口腔中，它会迅速冷却口腔上腭血管里的血液。温度的急速下降使血管迅速收缩，随之又迅速扩张。血管的反弹扩张会刺激颅内的痛觉感受器。把温暖的舌头抵在上腭上可以提供足够的热量来迅速缓解头痛。

参考文献

[1] Hamilton, W. & Kernick, D. Clinical features of primary brain tumours: a case control study using electronic primary care records. British Journal of General Practice, 57 (542), 695 - 699 (2007).

[2] Rizzoli, P. & Mullally, W. J. Headache. The American Journal of Medicine, 131 (1), 17 - 24 (2018).

[3] Stovner, L. J., et al. Global, Regional, and National Burden of Migraine and Tension-Type Headache, 1990 - 2016: A Systematic Analysis for the Global Burden of Disease Study 2016. The Lancet Neurology, 17 (11), 954 - 976 (2018).

[4] Kors, E. E., et al. Genetics of Primary Headaches. Current Opinion in Neurology, 12 (3), 249 - 254 (1999).

[5] Evans, R. W., et al. The prevalence of migraine in neurologists. Neurology, 61 （9）, 1271 - 1272 (2003).

[6] Longmore, M. et al (Eds). Oxford Hand book of Clinical Medicine, 8th edition. Oxford University Press, 491 (2010).

[7] Laws, C. E. Nitroglycerin Head. Journal of the American Medical Association, 54 (10), 793 (1910).

时差与生物钟

你的脚可能没有节律，
但是你的大脑一定有。

时差反应是现代旅行者的烦恼。但至少现在那些远赴异国他乡的旅行者在旅途过程中不会再面临坏血病、饥饿或90%的死亡率的困扰，这是当年葡萄牙探险家麦哲伦（Magellan）及率领的270名船员所面临的严峻情况。1519年，当这支由5艘船组成的船队从西班牙出发时，船员们并不知道迎接他们的将是3年地狱般的航行生活。数月的叛乱和食物短缺迫使他们不得不吃蠕动的虫子和被老鼠尿浸泡的饼干屑。

在远行过程中，菲律宾当地土著人用竹矛和弯刀残忍地杀害了麦哲伦，而其他的一些船员则死于谋杀、营养不良或被困于孤岛。在大海上航行了1000余天后，只剩一艘“维多利亚”号和18个蓬头垢面的船员。他们快到家了，但是急需补给，于是他们停靠在佛得角。这里当时是葡萄牙的一块殖民地，位于葡萄牙南边约3000千米处。维多利亚号上的意大利学者，安东尼奥·皮加费塔（Antonio Pigafetta）在他的日记中这样写道：

为了看看我们是否准确地记录了当时的日期，我们派人去问现在是星期几，岛上的居民用葡萄牙语告诉我们那天是星期四，这

让我们很好奇，因为我们记录的是星期三。我无法相信我们竟然错了，我比别人更惊讶，因为我一直很健康，所以我每天都会准确地记录当天的日期。后来我明白了，我们其实没错，我们一直朝着太阳向西航行，回到了同样的地方，我们一定又“收获”了24小时，任何想到这一点的人都应该明白。[1]

现在让我们捋一下：如果你站在地球上静止不动，每24小时会看到一次日出。如果你像麦哲伦船队一样航行，朝着太阳向西航行，每一次日出发生在前一次日出24小时之后还要多一点儿。以两次日出之间的时间来衡量，每天的时间将稍微超过24小时。在3年的航行中，这些略微的延伸加起来就错过了一次日出——因此就错过了一天。

皮加费塔记录下来的时间差异带来了一个问题。对于一个文明来说，如果地球自转一周日期会改变，那该如何准确地记录历史、履行贸易协定或者庆祝某些特别的日子呢？在这个可以全球旅行的新时代，通过日出来记录日期已不再是一种万无一失的记录天数的方法。我们需要在不停自转的地球上划一个定界，在这个定界上日历的一天变成了下一天。

1884年，来自25个国家的天文学家们在华盛顿会面，共同探讨制定国际日界线：连接北极与南极的贯穿太平洋的假想线。这条线的西侧总是比东侧早24小时。比如说，线的左边是周一早上9点，当你由左向右跨过这条线时，时间变成了周日早上9点。越线的旅客需要将日期加或减一天，以确保他们的日期与真正的地球日期相匹配。多亏了国际日界线，皮加费塔日记里的困扰已成了过去。

麦哲伦和他的船员们并没有经历时差反应带来的不适。时差反应出现在快速旅行中：在地球上移动速度过快，不利于你的生物节律（比如你的睡眠—觉醒周期），你也无法适应光暗的变化周期。抛开死亡率不谈，船员们1086天的航行并不快。当他们向西前进时，日出时间的变化非常缓慢，以至于没有人察觉他们“丢失”了一天，直到有人提出来。幸运的是，自16世纪以来，旅行速度有了提升。

如果你把下面这件事告诉麦哲伦，我相信他会大吃一惊：2018年，法国人弗朗索瓦·加巴特（François Gabart）用了不到43天的时间便完成了单人环球航行的壮举。你可以先向麦哲伦解释一下什么是飞机，让他再次大吃一惊，之后，确保他坐下了，再告诉他在2005年飞行员史蒂夫·福赛特（Steve Fossett）独自驾驶着一个飞行器在67小时内完成了第一次不间断的、无加油的飞行。听完这些爆炸性的消息，麦哲伦的情绪也许会大幅地波动，他的食欲尽失，难以入眠。令人哭笑不得的是，他可能会感受一下时差反应的症状：一种由高速航空旅行引起的现代疾病。

直到20世纪，人们的旅行速度也没有快到需要突然重新设置体内生物钟的程度。喷气式飞机的出现让我们以我们的祖先想象不到的速度在地球上穿梭。我们的生物钟会像麦哲伦无法适应现代喷气式飞机一样，难以适应迅速地跨越多个时区。航空旅行开启了人类历史新的篇章，也开启了医学教材的新篇章：关于时差反应的论述。

“时差反应”一词最早出现在1966年2月13日发表在《洛杉矶时报》的一篇文章当中。记者贺拉斯·萨顿（Horace Sutton）这样写道：

如果你想成为一名机组成员，飞往加德满都与玛汉札陛下喝一杯咖啡，那么你就要适应时差反应，一种并不像宿醉的虚弱感。时差反应产生的原因很简单，喷气式飞机飞行速度非常快，以至于将

你的身体节律甩在后面。[2]

他所说的身体节律是指昼夜节律。萨顿对昼夜节律这个词不理解很正常：罗马尼亚裔美国科学家弗朗兹·哈尔贝格（Franz Halberg）在1959年才创造了它。哈尔贝格的昼夜节律这个词，是基于拉丁语中的“Circa and diem”，意思是大约一天。他这里的“大约”是故意的：昼夜节律是生物活动的模式，大约每24小时重复一次（平均为24.2小时，我们后面很快就会谈到这一点）。

你的睡眠—觉醒周期是昼夜节律最明显的例子。每天，两种激素——褪黑素和皮质醇——在高峰与低谷之间的周期性变化使你在该睡觉的时候产生睡意，在需要工作的时候保持清醒。褪黑素的催眠作用使你的身体为睡眠做好了准备。褪黑素是由松果体（拉丁语中是pinea）产生和释放的，松果体位于大脑脑干处。随着血液中褪黑素浓度的升高，睡意逐渐加重，褪黑素的浓度在凌晨3点达到高峰。此时，皮质醇的浓度开始升高，为你醒来做好准备。皮质醇通过提高血压、心率与血糖浓度来为身体活动做好准备。皮质醇由两个肾上腺释放，肾上腺是位于两个肾脏上方的被脂肪组织包绕的黄色结构。到上午9点，血中皮质醇水平达到每日的最高峰。大多数心脏病发作于早上6点至中午，部分原因是早上皮质醇水平升高增加了心血管系统的负荷。

体温、消化和某些激素的释放也遵循昼夜节律。比如，体温在傍晚6点左右最高，在凌晨4点左右最低。消化道蠕动和消化液分泌在夜间暂停。而当睡觉时，大脑垂体会释放出生长激素（它对控制肌肉和脂肪的组成非常重要）和甲状腺激素释放激素（调节代谢的一种激素）。

我们对于昼夜节律的理解来自人类个体的实验。如果没有任何时钟或日光等外界因素，那人们的生物行为会出现什么样的自然节律呢？当然，如果前提是没有这些我们还能生存的话。20世纪60年代，德国医生于尔根·阿绍夫（Jürgen Aschoff）建了一座地下室，用来对志愿者进行与外界隔绝的实验。志愿者招募出人意料地顺利，大概是因为“邪恶的科学家和施以酷刑的地牢”还没有被恐怖电影所引用。一个接一个，志愿者进入地下室，没有手表，没有阳光，在这里独自生活3~4周。阿绍夫告诉志愿者正常生活即可。饿了可以自己在地下室的小厨房里准备食物，困了就去睡觉，感觉神清气爽了就起床。阿绍夫嘲弄地说，许多志愿者是学生，他们想借此机会强迫自己与外界隔绝，为考试而临时抱佛脚。有一次，阿绍夫把自己锁在了地下室里尝试一下这样的生活：

在地下室生活的头两天，我迫切地想知道“真正”的时间，后来我对这件事失去了兴趣，我对“无时间”的生活感到非常的适应。[3]

阿绍夫记录了每一个志愿者的上床时间、起床时间、睡眠时长和行为。直肠探针提供了志愿者每天的体温读数。阿绍夫还精心绘制了尿量与电解质浓度变化的折线统计图。当阿绍夫查阅他记录的数据时，一个非常清晰的模型显现出来。他测量记录的生物功能在“大约一天”的周期内不断循环——它们是遵循昼夜节律的。阿绍夫计算出，志愿者们的平均昼夜周期为24.9小时（后来其他研究人员通过大样本实验将其修正为24.2小时）。阿绍夫的地下室实验表明，一个人在不知道时间的情况下，也会在清醒状态与睡眠状态之间有规律地交替，其他的生物功能也会有节律地波动。[4]

我们等会再探讨这个问题，先感慨一下这个事实多么的了不起。我们生活的这颗蔚蓝色星球，它以保证每个地方太阳隔24小时出现一次的速度进行自转。相比而言，木星上的一天大约为10小时，而金星上的一天则大约为5832小时或243个地球日。不知什么原因，即使把你锁在地下室里，你就算知道你是在木星上，你的身体功能依然以大约24小时的周期运行。地球的自转速度根植在了你的DNA中。这并不是什么奇怪的巧合，这是生物进化的结果。动物需要在正确的时间做正确的事情才能生存下来。在人照光源发明之前，人类的行为是由白天和黑夜决定的。生存取决于能否在白天最大限度地提高生产力。与其他动物相比，人类的夜视能力很微弱，听觉和嗅觉也不灵敏，这使得我们无法进行夜间活动。我们的祖先白天睡觉，晚上四处寻找食物，他们的寿命并不长。通过自然选择，他们形成了昼夜节律。晚上睡觉，是对自身生命安全的保护；黎明时醒来，开始一天收获颇丰的劳动。因为这种节律给了他们最好的生存机会，所以他们的身体节律进化到与他们的家园——地球——的光暗周期相匹配。

通过形成与发展和自然同步的、自我维持的内部节律，我们可以预测环境中可预测的变化，并提前为此做好准备。例如，你不必等到天亮了才升高血液中皮质醇的浓度。它从凌晨3点开始节律性地释放，并按照既定需求，在上午9点达到峰值。昼夜节律，由你的生物钟精心安排，让你的生物行为具有前瞻性，而不是被动的。

扰乱我们的昼夜节律可能会造成严重的后果。现如今，人类已经进化为在白天精力充沛地劳动，在夜晚睡觉补充体力。如果我们在生物钟认为是晚上的时候被迫执行繁重的任务（比如时差反应或上夜班），后果可能很严重：决策能力、情绪调节能力、注意力、反应时间和自省能力都受到了损害。在晚上操纵机械设备，发生事故与错误的概率要高于白天。大多数车祸发生在黎明时分。纵观历史，黎明时分是人为事故发生的高峰时间，比如切尔诺贝利核电站事故（凌晨1点30分）和三英里岛核事故（凌晨4点），以及博帕尔毒气泄漏事件（凌晨1点）。

*

继阿绍夫的地下室实验之后，寻找生物钟——大脑中负责协调昼夜节律的部分——这项任务就开始了。阿绍夫的研究里一个奇怪的发现给科学家们提供了一个从哪里开始寻找的线索。通过调整地下室内的光照强度，阿绍夫发现可以延长或缩短志愿者的昼夜节律周期时长。生物钟似乎是利用光来向前或向后扭转发条。在这个前提下，寻找生物钟的科学家们重点关注视神经周围的大脑区域：这些“光缆”将光线信息从每只眼睛的后方传递到大脑。1972年，研究人员损伤了一些老鼠的大脑，发现当他们破坏掉老鼠的部分下丘脑后，即破坏掉视神经的上方区域，老鼠可预测的喝水行为与车轮跑步行为不再发生。[5] 研究人员成功地发现（并破坏）了老鼠的生物钟。

事实上，生物钟的概念并不仅仅是一个微妙的比喻：它是你大脑中的一种物理计时结构，就像你的手表一样真实存在。你的生物钟位于下丘脑内，下丘脑是大脑的一个关键区域，负责调节许多基本的身体功能，包括渴觉、消化和体温。生物钟以两根神经束的形式存在，每一束与芝麻粒的大小相当。两束神经位于下丘脑前部，在两束视神经交叉相遇的地方保持平衡。此处所有的结构位置信息都包含在了生物钟的名字里：视交叉上核（supra chiasmatic nucleus，SCN）。“supra”在拉丁语里是“上面”的意思，“chiasm”在希腊语里是“交叉的”（“chi”是希腊语第十个字母）的意思，“nucleus”在拉丁语里是“内核”的意思。为了节省时间（多具讽刺意味啊），医学上将生物钟记为SCN（即视交叉上核）。

由于人类的平均昼夜节律周期略超过24小时，所以你的SCN必须定期调整它的“发条”，以保持与地球一天的时长——24小时相一致，于是它被称为“授时因子”［德语里叫作“时间授予者”（Time giver），阿绍夫在1960年创造的术语］的环境线索来调整其设置。社交和吃饭都是授时因子，例如，如果你和伙伴吃着汉堡聊着天，你的SCN会知道这不是睡觉时间。最有效的授时因子往往是光。你的SCN无法区分阳光和人工光源，如果在日落后仍有明亮的光线照入你的眼睛，你的SCN仍然认为是白天，并会延长你的昼夜节律周期。例如，它会延缓褪黑素的释放，并告诉你的消化道继续蠕动。相反，如果光线在黎明前就照入眼睛，你的SCN便认为现在已经是早晨了，它就会向前调整生物钟的发条。当你的SCN沿着身体的生物行为匆忙地追赶上地球的光暗循环时，皮质醇的水平将会迅速升高。非自然的光线照射，比如睡觉前看电视或大半夜看手机，会干扰你的昼夜节律，导致睡眠问题的发生。

盲人的生活很难与地球自转的24小时同步。他们的SCN失去了它最重要的授时因子——从他们眼睛里进入的光。我曾经有一个病人，面部严重烧伤后导致失明。事故发生后，他依靠时钟、闹钟和妻子的提醒来按时睡觉。这还没完，他会在床上躺几个小时，辗转反侧，难以入眠，因为他顽固的SCN依然在坚持其未调整的持续24.2小时的昼夜节律周期。最终，通过每天晚上服用褪黑素片，他保持了一种与地球光暗周期相适应的人为睡眠—觉醒模式。

*

“向西行远好于向东行”，这是经验丰富的飞行员常说的话。他们是正确的：向西飞行时，时差反应的症状往往相对较轻。向西飞行——“回到过去”，需要延长昼夜节律周期以适应当地的时间，因为平均昼夜节律周期超过了24小时，所以你抢占了先机。相反，当你向东飞行时，提前适应受到了阻碍，需要缩短昼夜节律周期到24小时，甚至还要进一步地缩短以适应当地的时间。有策略地接受和避免光线照射可以帮助你的SCN更快地调整。在长途飞行前，改变时间和起床时间也可以起到过渡作用。

时差反应的症状——夜间失眠、白天嗜睡、食欲不振和情绪低落——都是因为你没有在适当的时间进行适当的生物行为。让我们想象一下，从墨尔本向西飞到巴黎，“时光倒流”了8小时。你在当地时间下午3点下飞机，但你的SCN却认为现在是晚上11点，它已经开始调控褪黑素的释放，并开始停止消化道的蠕动。你和当地人一起喝下午茶，但当柠檬可丽饼进入处于睡眠模式下的胃里时，你很快就会感到恶心。你回到酒店房间里，褪黑素的释放带来的困意让你无法抗拒。凌晨1点时，你很可能笔直地坐在那，根本睡不着，心跳也在加快，因为你的SCN认为现在是“墨尔本时间上午9点”，于是血液中皮质醇的浓度达到了峰值。看着太阳缓缓升起，你再也睡不着，难受得连英语都说不清楚，更别说法语了。去买面包时，面包师也许会对你“面包”（braguette）的错误发音嗤之以鼻（braguette在法语里是指长裤前面的拉链），恼火的你于是什么也不想吃了。

总结：你的生物钟调控着你的昼夜节律：约24小时重复一次的生物行为的周期循环，以适应地球长达24小时的光—暗周期。航空旅行跨越时区的速度要远远快于你的生物钟调整适应当地时间的速度。在你的生物钟与当地时间同步之前，你就会产生各种各样的时差反应症状。

知识链接

可移植的生物钟

如果轮回存在，你绝对不会想在下辈子成为一个被研究的动物。1987年，俄亥俄州辛辛那提市的科学家将一些可放电的电极针插入雄性金仓鼠的大脑里，以破坏它们的SCN。[6] 正如预期的那样，功能性的生物钟缺失，仓鼠的昼夜行为模式消失。科学家们想知道，如果他们把有正常功能的SCN移植回这些仓鼠体内，会发生什么呢？它们的昼夜节律会恢复吗？唉，可怜了这些被研究的啮齿类动物。科学家们处死一些怀孕的仓鼠，并从未出生的胎儿的大脑中采集了SCN。科学家快速地工作着，把刚取出来的“滴答作响”的生物钟注入雄性仓鼠刚刚失去功能的大脑里。令人惊讶的是，手术后，雄性仓鼠恢复了昼夜节律。事实证明，生物钟就像手表一样可以在生物个体之间进行转移。

人类的昼夜节律周期是否可以改变

在宽广的大地上和明媚的阳光下享受了几个月的舒适假期后，潜艇兵又要与家人们告别。20世纪60年代开始，海军指挥官想要解决潜艇兵与世隔绝的情况，以便为他们提供更多便利。他们认为，除了日出日落时约定俗成的惯例外，潜艇兵没有理由要遵循一天24小时的节奏。大海的下面，指挥官想留多少天，他们就待多少天。于是一种18小时高效生活的方式出现了：6小时工作，6小时吃饭和训练，剩下的6小时睡觉。为了减轻疲劳，将值班时长从8小时缩短到6小时，因为如果一名士兵在操纵核反应堆或导弹时走神了，那么后果会非常严重。士兵们被分成三部分，保证每时每刻有1/3的士兵分布在潜艇的每一个重要的地方。理论上，交错的时间安排可以确保潜艇的状况持续地被监视着，保障运行的顺利。

不过很遗憾，这个在纸上看起来完美无瑕的计划在实践中却失败了。人类的昼夜节律周期是24小时左右，即使一名海军指挥官每天工作6小时，这一事实也并不能被改变。来自美国海军潜艇医学研究实验室的数据显示，士兵们每隔3个周期就会感到疲劳，此时他们在SCN计划的睡眠时间内工作。2014年，海军承认这项举措失败了，又将潜艇兵的一日改回正常的24小时。一年后，指挥官托尼·格雷森（Tony Grayson）反思了这个举措：

……士兵们现在能建立和保持自己的昼夜节律了。想象一下，你跨越了几个时区长途飞行，你的感受是什么样的？如果将士兵们的睡觉时间提早6个时区的时长，那么时差反应就是他们每天要面对的麻烦。这一时间表对士兵们的影响很大，因为他们经常会在该睡觉的时候十分清醒。[7]

特拉维斯·尼克斯（Travis Nicks）中尉表示，在一艘正常遵循24小时作息的潜艇上，他的生活质量大大地改善了：

甲板上的士兵再也不会靠着望远镜睡着，之后再被长官一巴掌给打醒。[8]

参考文献

[1] Pigafetta, A. The First Voyage Round the World, by Magellan. Stanley, H. E. J. (ed). Hakluyt Society (1874).

[2] Maksel, R. When did the term "jet lag" come into use? Air & Space Magazine (17 June 2008).https://www.airspacemag.com/need-to-know/whendid-the-term-jetlag-come-into-use-71638/#wuYyAiVATMYqzOzS.99.

[3] Aschoff, J. Circadian Rhythms in Man: A self-sustained oscillator with an inherent frequency underlies human 24-hour periodicity. Science Magazine, 148 (3676), 1427 - 1432 (1965).

[4] Aschoff, J. et al. Desynchronization of human circadian rhythms. The Japanese Journal of PHysiology, 17 (4), 450 - 457 (1967).

[5] StepHan, F. K. & Zucker, I. Circadian Rhythms in Drinking Behavior and Locomotor Activity of Rats Are Eliminated by Hypothalamic Lesions. Proceedings of the National Academy of Sciences, 69 (6), 1583 - 1586 (1972).

[6] Lehman, M. N., et al. Circadian Rhythmicity Restored by Neural Transplant. Immunocytochemical Characterization of the Graft and Its Integration with the Host Brain. The Journal of Neuroscience, 7 (6), 1626 - 1638 (1987).

[7] Bergman, J. Submariners on New 24-Hour Watch Schedule. Connecticut Office of Military Affairs (25 October 2015). https://portal.ct.gov/OMA/In-theNews/2015-News/Submariners-On-New-24-Hour-Watch-Schedule.

[8] Larter, D. B. This 'life-changing' shift has made submariners much happier. Navy Times (28 October 2016). https://www.navytimes.com/news/your-navy/2016/10/28/this-life-changing-shift-has-made-submariners-muchhappier/.

发热

为什么有些疾病让你感觉很难受?

如果在20世纪20年代你得了梅毒，医生可能会给你注射疟原虫。直到20世纪40年代青霉素被广泛应用，梅毒才得以被治愈。但是，在那时，奎宁可以用来治愈疟疾。在迫于政治正确性而对其重新命名之前，我们称“晚期梅毒”为“麻痹性痴呆”。当梅毒感染扩散到大脑和脊髓时，它会使人瘫痪，并使人发疯。一旦出现这些症状，生命大概也就剩3年左右。由奥地利精神病学家朱利叶斯・瓦格纳-尧雷格（Julius Wagner-Jauregg）提出的“疟疾疗法”背后的支持理论是，通过感染疟疾而发热产生的热量会削弱梅毒的病原体——梅毒螺旋体——的毒性。1917年，瓦格纳-尧雷格抽取了当地一家医院的疟疾感染者（主要是在巴尔干半岛作战的士兵）的血液，并直接注射到他的9名梅毒病人体内，其中1人死亡，2人被送进精神病院，6人表现出明显的改善（但有4人后来又复发）。然而，没复发的两个人却完全康复了。在此之后，他大受鼓舞，继续给患者施以“疟疾疗法”。1921年，他发表了数篇关于“疟疾疗法”的文章，治疗了约200名患者，其中50人已经完全康复，重返了工作岗位。

尽管“疟疾疗法”让我们想起了一个童谣《吞下苍蝇的老奶奶》

（*The old lady who swallowed a fly*），但在1927年，瓦格纳-尧雷格成为历史上第一位被授予诺贝尔生理学或医学奖的精神病学家。“疟疾疗法”在20世纪初曾短暂地流行起来，但当青霉素成为伦理上可行的晚期梅毒治疗方法时，“疟疾疗法”很快就被取缔了。瓦格纳-尧雷格的另一个莫名其妙的想法是将精神分裂症发病的原因归结于手淫，并且提出让精神分裂症患者绝育以起到治疗效果。

*

如果有人问“人类正常的体温是多少？”，答案似乎非常简单，是37℃。但是这个答案就像一罐午餐肉上的配料表一样模糊（配料表第一个成分是“火腿猪肉”）。他们问的是体核温度吗？体核温度才是你真实的体温，它是指你体内深处的温度。但由于主动脉旋转式温度计很难操作，医生倾向于测定更容易进入的空腔部位的温度。所以，哪个部位的温度才是这个问题的正确答案呢？

假设你体核血液的温度正好是37℃，舌下的温度是36.5℃，腋下的温度是36.0℃，那么，测量前额温度的非接触式红外线测温仪所测定的温度与你口腔内的温度相近，除非你的额头最近总被寒风吹（在寒冷的冬天，我徒步上班，我的前额温度经常只有33℃）。肠道细菌帮助你消化食物、进行自身繁殖和日常活动时会产生热量，因此，温度计在直肠的读数会比体核温度更高，是37.5℃。无论测哪个位置的体温，在一天之内体温数值都会波动半摄氏度左右。早晨4点体温最低，下午6点体温最高。由此可见，体温的数值取决于测的位置与测的时间，35.5～38℃都是正常的。为了避免在酒吧里产生不必要的麻烦，我建议你就写“37℃”，然后静静地享受啤酒吧。

2017年，3.5万余名健康的美国人参与了一项研究，测量他们的口腔体温读数，最后统计分析得出，这数万名受试者的平均体温为36.6℃。[1]老年人的体温会更低一些，受试者的年龄每增长10岁，其体温较平均体温要低0.021℃。同时，研究人员发现“非裔美国女性体温最高”，她们的平均体温比白人男性高出0.052℃。这个差异是如此的微小，仅有零点零几摄氏度。这项研究强调了不同年龄、种族和性别的体温分布很均匀，即95%的人体温在35.7～37.3℃之间，温差范围为1.6℃。

为什么体温在37℃左右十分重要呢？它是进化的平衡点，这个温度足够帮助你抵御真菌感染，但不需要像一个健美运动员一样实时吃东西来维持新陈代谢。

从进化的角度来讲，真菌属于非常古老的物种了。如果把地球45亿年的历史压缩为一本日历的话，真菌会在11月15日出现，而人类会在距新年零点还有24分钟时出现。当人类出现之后，真菌已经在地球平均表面温度15℃的温度下进化了数百万年。地球上很少有地方跟人体内部一样的热。例如，世界上最热的城市，厄立特里亚的阿萨布和马萨瓦，其年平均气温约为30℃。大多数真菌都不适应我们体内的温度，它们确实无法承受高温。因此，像我们这样的温血动物只会被几百种真菌所困扰（比如引起口疮的念珠菌属，以及引起脚气的毛癣菌属），而像爬行动物和两栖动物这样的冷血动物则容易受到成千上万种不同真菌的侵害。

如果你曾因感染股癣或阴道酵母菌而抓狂，你可能想知道为什么你的体温不是47℃甚至57℃来抵御所有真菌的感染。权衡多高的体温合适，其标准是你需要用多少“燃料”为机体供能。体内的热量来自你所吃的食物，以卡路里（这个词起源于拉丁语calor，意思是“热量”）为单位。2010年，科学家们建立了一个数学模型来确定保护机体免受真菌感染的理论最高体温，同时要保证达到这个温度所需的额外食物需求最小。[2] 结果是什么呢？36.7℃，非常接近我们通过进化最终达到的37℃。看来37℃是非常适宜的，这个温度足以让大多数真菌难以生存，又不需要持续的燃料供应维持我们人体这个“熔炉”。

*

当体内处于37℃时，体内化学反应的效率最佳，使你保持最良好的身体状态。你所做的一切——消化、行走、思考，都是体内化学反应的结果。这些反应包括将复杂的碳水化合物分解为单糖，释放肌肉收缩所需要的能量，释放以及清除神经递质（一种负责在神经元之间传递信息的物质）。你可以把所有这些维持生命的化学反应统称为“新陈代谢”。

蛋白质是新陈代谢的核心。提到“蛋白质”你可能想到的是鲜嫩多汁的牛排或者是健身房出售的“能量棒”，但从化学角度来讲，蛋白质实际上就是由一种叫作氨基酸的分子组成的链。目前已知有20种不同的氨基酸，将它们按照不同的顺序排列可以产生像胰岛素、皮肤与骨骼中的胶原蛋白、抗体、血红蛋白、肌肉纤维（一块牛排也仅仅就是牛的肌肉纤维而已）以及精子纤细的尾巴等各种各样的蛋白质。

酶，是一种通过迫使分子间进行相互作用来加速（催化）化学反应以使其反应速率提高100万倍的蛋白质。通过消化酶的作用，如脂肪酶（可以分解脂肪）、乳糖酶（分解乳制品中的乳糖）和淀粉酶（分解淀粉），你可以从食物中快速获取营养物质。本质上，我们人类就是一堆水和蛋白质。皮肤的表皮角蛋白也是一种蛋白质。你的DNA蕴藏着如何排列氨基酸并生成这些不同的蛋白质的密码，这就是蛋白质的重要性，DNA的唯一功能就是存储着如何生产各种各样蛋白质的“配方”。

人体的蛋白质在非常小的温度范围内工作。温度过低时，蛋白质会形成结晶；温度过高时，蛋白质会变性失活。想象一下鸡蛋白（就是鸡蛋清，一种蛋白质），加热后会从透明的黏液状转变为白色的凝固态。保持温度在37℃不仅仅是一种抵御真菌的手段，对维持生命的化学反应持续进行也是至关重要的。如果这些反应停止了，你的生命也就永久地停止了。

你体内有一个恒温器，它会阻止你的大脑变成“煎蛋”，它就是下丘脑。让我来告诉你如何找到它。想象一下，把一个叉子插进你的一侧鼻孔内，持续地把叉子向里面插入，直到碰到一个湿软的东西，这是垂体，它是负责释放各种激素的结构，比如控制泌乳期的激素（催乳素，一种蛋白质）和控制生长的激素（生长激素，也是一种蛋白质）。再向内插入约1厘米，好，你已经找到你的下丘脑了！神经外科的医生实际上使用这种技术来做脑垂体的手术，但是他们可能会对我使用“叉子”来指代他们复杂的手术探针感到非常不满。

下丘脑不断监测着血液的温度，也接收来自皮肤外周的温觉感受器传送的温度信息。如果体温偏离了37℃，你的下丘脑就会进行干预，使你的体温恢复正常。

如果你感觉到寒冷了，第一步是保存你已经产生的热量。下丘脑向皮肤和毛发下的微小肌肉发送神经信号，告诉它们收缩。这些肌肉收缩时，上面覆盖的汗毛会因肌肉的牵拉而竖立起来，这个过程叫作立毛。你会看到皮肤下面因肌肉紧张而产生的鸡皮疙瘩。直立的汗毛通过阻挡冷空气来保持一个绝缘的暖风层，保护皮肤免受冷空气的侵袭（这种方式对我们皮毛蓬乱的灵长类动物祖先更有效）。下丘脑也会向贴近皮肤表面的血管发送神经信号，使其收缩改变血流量，这会最大限度地减少热量以辐射形式损失。你的脚趾和手指可能会变得苍白或发凉，但至少你的心脏不会。由下丘脑引起的行为变化，比如寻找温暖的地方以及穿上更多的衣服，进一步起到隔热效果。

下丘脑的第一个武器是节省热量，第二个武器是产生热量。快速的肌肉收缩，如颤抖和牙齿打战，将动能（运动产生的能量）转化为热能。这些动作比跑步等运动更有效，因为你处于静止状态。如果你开始慢跑，你会因为摆动手臂和腿使其暴露于空气中而通过辐射散热的方式失去热量。所有这些反应将持续进行，直到你的下丘脑察觉到你的血液温度升高到37℃。

现在来思考一下，如果情况完全相反会发生什么呢？下丘脑注意到它“浸泡”在非常热的血液中，比如说，39℃。你需要降降温，此时下丘脑的大部分反应与“使你更温暖”的反应完全相反：你的汗毛会平躺以避免吸热，表皮血管舒张（因此皮肤发红），你想要脱下衣服，保持不动，此时最好待在空调房内。通过平躺在床上来尽可能增加散热的表面积，使更多的热量通过辐射散热的方式散发出去。

大象巨大的耳朵就像巨大的散热器，上面皮肤表面积很大，表皮内有丰富的血管，可以在微风中扇动耳朵以释放热量。作为生活在热带地区的大型动物，这种调节热量的方法对它们的生存至关重要。

在下丘脑的命令下，你的汗腺开始分泌。在你的皮肤表面，蒸发——液体变成蒸汽的过程——会吸收热能。人类倾向于用汗液作为蒸发的液体，但其他动物更有创造力——饱受高温折磨的火烈鸟会往腿上撒尿，而热得受不了的蜜蜂会往彼此的脸上吐口水。对宇航员来说，出汗可是一个问题，因为在零重力条件下，汗水会在皮肤上聚集，并不会滴落下来，擦掉它会形成飘浮的汗珠，容易进入敏感的设备中。为了避免重要设备发生短路，宇航员们都会细致调节飞船内环境的温度，以减少出汗。

如果你发现自己衣着单薄，还被困在一场暴风雪中，体温骤降，那么“使你更温暖”的系列反应可以挽救你的生命。但是有的时候，当你不感觉到冷时——即体温在37℃时——体温升高也可能会挽救你的生命，这就是发热，你的下丘脑迫使你的体温升高，超过37℃。

英国医生托马斯·西德纳姆（Thomas Sydenham）（他创造了格言“无损于病人为先”first do no harm）在他1666年出版的书《热病治疗法》（The Method of Curing Fever）中将发热描述为“机体将大自然的引擎带到战场上来消灭她的敌人”。他是正确的。

当你的免疫系统对抗感染时，它释放出一种叫作致热原（这个词来自希腊语）的化学物质。致热原通过血液流向下丘脑。当你的下丘脑接受到致热原时，它就会关闭恒温器，将你身体的目标温度重新调定为39℃。你目前的体温是37℃，但不是正常的体温了，它比你现在“正常的”体温要低2℃。随着“升温”系列反应，你开始浑身颤抖，起鸡皮疙瘩。

当你的免疫系统赢得这场战斗时，它就会停止释放致热原。下丘脑体温调定值很快就会降至正常水平：37℃。接下来会发生什么呢？是的，你猜对了，它要开始进行“降温”的系列反应了：不停地流汗，皮肤发红。不一会儿，你的体温就降到37℃了。

发热对人体有好处，主要原因有两个：一是它使你的免疫系统更活跃；二是它使入侵的病原体在高温下致病性减弱。

许多化学反应在较高的温度下发生得更快。热量为化学反应提供了更多的动能：一种让粒子快速移动，更快地得到反应结果的额外的能量。想象一下，把一块方糖放进一杯冰茶里，当水分子与糖分子碰撞时，糖便会溶解。但是把一块方糖放到热茶中，它就会立即溶解。当把茶加热时，水分子和糖分子移动得更快，分子间碰撞的速度更快，因此反应发生得更加频繁。免疫系统发挥作用的本质就是一系列复杂的化学反应。温度升高，它工作的速度会更快。相对高温的环境下，白细胞部署速度更快，在体内转运的速度更快，吞噬微生物的速度更快，繁殖速度也更快。如果温度升高的数值仅仅是几摄氏度（不是煎鸡蛋的温度，42℃以上对人体来说很危险），你体内的蛋白质就能承受得住。

一些病原体在较高的温度下致病性减弱，功能丧失。例如，在发热状况下，甲型流感病毒的复制受到抑制，而肠道沙门氏菌*的感染过程受到阻碍，于是使它进入休眠状态。[3]

“疟疾疗法”治疗梅毒在有些时候有效，其原因就是梅毒螺旋体——引起梅毒的细菌——对热十分敏感。成功的感染需要一种病原体快速繁殖，传播的速度需要比免疫系统杀死它的速度快。尽管发热只会使入侵率下降很低的百分点，但这可能足以抑制感染的发生。

生活在你体内的友好细菌在漫长的进化旅途中，已经适应了人类正常体温，并在此体温下发挥最佳功能。例如，肠道内大肠埃希菌家族和附

* 沙门氏菌虽然很容易感染生鲑鱼，但并不是以这种鱼的名字命名的，它实际上是以丹尼尔·沙门（1850—1914，Daniel Salmon）的名字命名的。丹尼尔·沙门是一位美国兽医，他从猪的体内分离出了这种细菌。

着在皮肤的葡萄球菌种群在37℃时繁殖最快。它们寄居在肠道内和皮肤表面，是无害的，但如果它们进入你的血液（例如，从肠道或皮肤较深的伤口处进入），会使你产生严重的不适。不过，启动发热程序，体内随后而来的“桑拿房”环境会阻碍它们的进攻。

产生致热原最快的方法是感染，特别是能产生毒素的细菌，像梭菌属（比如引起肉毒素中毒、破伤风和气性坏疽）、痢疾志贺菌（引起痢疾）、肠道沙门氏菌（引起伤寒）。1969年，美国科学家从马里兰州监狱招募了“志愿者”囚犯来研究引起发热所需的沙门氏菌毒素的剂量。[4]实验的第一步是在“志愿者”的直肠中插入一个让人痛苦不堪的15厘米长的温度计。然后，受试者被“绑在床上，盖上薄毯”，然后注射不同浓度的沙门氏菌毒素。3小时内，男受试者开始抱怨“中等程度头痛”和“寒冷”，因为他们的体温高于正常体温1.4℃。他们接受了多少剂量呢？是按照每千克体重注射0.0014微克。假设一位男性的体重为80千克，这意味着只要0.112微克的剂量就会引起发热。为了更好地理解这个量，你可以了解一下睫毛重40微克左右。囚犯们可能缺乏对法律的尊重，但他们的下丘脑肯定没有缺乏对致热原反应的能力。

理想的发热反应很短暂，它会增强你的免疫反应，然后在免疫系统赢得战斗后迅速消退。但是如果你的免疫系统没有赢得战斗会怎么样呢？一个因为任何因素而活跃的免疫系统——对抗感染、炎症或癌症——都会释放致热原。持续的发烧是体内存在潜在疾病不太好的预兆。想想我之前提到的对美国人进行的大型温度研究的结果吧，所有的参与者似乎都很健康，没有任何感染或癌症的症状。如果一个人的体温比预期水平每升高0.149℃（包括年龄和种族等变量），那么他在未来12个月内死亡的概率就会增加8.4%。一些恶性因素导致了低量致热原的产生：可能是一种癌症，或者是某处深部组织的感染。持续的发热表明了免疫反应还在与恶性疾病坚持斗争，甚至可能斗争失败。但如果你的免疫系统不再斗争，你就会死亡。

盗汗不是一个正常的现象。记住，你在凌晨4点时体温最低。这种汗液的流失表明战斗中的免疫系统持续不断地产生致热原。为了区分真正的盗汗和盖了太多毯子而引起的出汗，实习医生往往会学着这样询问病人：“你每天晚上出的汗需要早上拧干你的睡衣吗？”我更喜欢问我的病人他们每天早上起来是否需要拧干床单，直到有一位老人眨眨眼告诉我，他睡觉不穿衣服。

非自主的体重减轻是免疫系统与疾病艰苦斗争的另一个信号。癌症和感染需要能量来扩散发展，它们通过分解你身体各组织内的物质来获得能量。持续发热也需要能量。肺结核（Tubercolosis）在英文中又被称为consumption（消费的意思），因为这个疾病臭名昭著的一点就是侵蚀病人的脂肪与肌肉，使病人不停地咳嗽，骨瘦如柴的躯体最终走向死亡。

*

那么，你如果发烧了应该怎么办呢?

在现代，我们会劝一个发怒的人“冷静一下”，但是在19世纪末期，这是给发热患者的医疗建议。“寒丸”（现在我们指退热药）主要含有奎宁和黑胡椒或辣椒粉。扑热息痛是一种现代的退热药，当你发烧时，它会使你的体温恢复到37℃。读到这你可能会产生疑问，前面不是讲过发烧是有益的，那这种干预不是有害的吗？从逻辑上讲，是这样的。但是严格的研究发现，抑制发热并没有什么害处。

目前进行过的规模最大的研究，是在2015年对700名体温至少38℃的住在重症监护病房（ICU）内的发热患者进行的。[5] 与使用安慰剂的对照组相比，接受扑热息痛治疗的患者其平均体温要低0.28℃。但最终结果是什么呢？患者的死亡率、在ICU内住留时间和总住院时间均无差异。

我们该如何解释这个结果？也许是因为这些病人已经病入膏肓了。发热仅仅提供了微弱的益处，即仅在进化上提供了生存优势，但是不足以对ICU内因多器官功能衰竭而死亡的病人产生影响。

目前的建议是，服用扑热息痛等药物来缓解发热是无害的。相反，不要试图给自己注射感染疟疾的士兵的血液来治疗梅毒，或者是你患了精神分裂症就要阉割自己。你首先应该尝试青霉素或抗精神病药物。

总结： 下丘脑是体内的恒温器。发热是因为下丘脑对致热原——在对抗感染、炎症以及癌症时产生的化学物质——产生反应，因此体温的调定值增高。额外的热量使你的免疫系统更加强大，使入侵的细菌致病性降低，促进你的恢复。

知识链接

中暑vs发热

“霹雳火”是威利·琼斯（Willim Jones）的绰号，1980年亚特兰大遭受热浪袭击，这名52岁的男子被发现晕倒在他闷热的公寓里。他当时的体温是多少呢？是47℃，让人难以置信。到医院后，他立马被冰块包裹，从胃管注入冷水以降低他的体温。出乎意料的是，他被抢救过来了，并创下了最高体温的世界纪录。

体温过高或“中暑”并不是发热。发热时，你的体温的调定值会被故意调高。中暑时，体温的调定值保持不变：是外部因素让你的体温升高，下丘脑尽管采取了各种措施，却没有让你降温。被困在密闭车厢内的儿童、耐力运动员以及穿着厚重装备的军人都特别容易中暑。一些毒品也会阻止皮肤表面的血管扩张，阻止人体通过辐射散热的方式散发热量。

你应了解的一些医学术语

“消耗热”是指体温在波峰与波谷之间剧烈变化（一般大于1.4℃）的发热类型。这种发热常见于体内有脓肿（脓球）的患者。其他的发热类型有“弛张热”，指体温一日之内上下波动，但总是高于正常体温（多见于肺炎患者或病毒感染患者）。伤寒引起的发热是“稽留热”，体温上升很缓慢。“反复性”发热指发热持续几天，随后一段时间体温恢复正常（例如霍奇金淋巴瘤属于这种发热类型）。有一种罕见的周期性中性粒细胞减少症（白细胞周期性处于低水平状态），患者会每21天发一次烧，是骨髓中白细胞生成率的波动造成了这种罕见的“三周模式”。脊髓灰质炎会引起“鞍背热”，体温先达到一个峰值，之后在下一阶段的发热前下降，如果在图表上描绘这种发热形式，鞍背这个名字就不难理解了。

顺便说一句，马鞍和脊髓灰质炎有些许的渊源，研究人员曾经尝试用一匹马来制造脊髓灰质炎疫苗。研究人员向猴子体内注射脊髓灰质炎病毒，之后解剖猴子，取出脊髓，将脊髓捣碎成泥，再将脊髓泥反复注射进马的体内。这匹马变得很不稳定，但是对脊髓灰质炎产生了免疫能力。虽然这匹马的血液经过实验室检测存在抗病毒特征，但是作为人类疫苗却失败了。最终，一款疫苗被研发出来，省了费力捣碎猴子脊髓的辛苦以及避免在实验过程中激怒马匹。

热防御蜂球

亚洲大黄蜂可以在几分钟之内杀死一整个日本蜜蜂群。日本蜜蜂的刺太短，无法刺穿大黄蜂厚厚的外骨骼。但是日本蜜蜂进化出了一种必杀技——形成一个“热防御蜂球”。日本蜜蜂成群聚集，扇动翅膀产生热能，使蜂球内温度达到47℃，足以把入侵的大黄蜂煮熟。因为破坏性不大，日本蜜蜂也用它们的体温将蜂巢塑造成六边形。

值得关注的发热类型

有几种寄生虫可以导致疟疾。疾病的严重程度（以及你生存的机会）取决于蚊子叮咬时唾液里寄生虫的种类。寄生虫生命里的一部分时间是在红细胞内繁殖。一旦细胞内挤满了寄生虫，寄生虫家族就突然释放入血，并引发大量致热原的释放和发热的免疫反应。不同种类的致疟寄生虫繁殖生长，从而以不同的速度引起发热。在有显微镜可以直观地观测寄生虫的种类之前，医生用发热的类型来诊断和预测。

医生可能会这样安慰每3天发一次烧的患者：最温和的疟疾是由最懒惰的寄生虫（3日疟原虫）引起的，它在爆发周期之间需要悠闲的几个小时当作假期，发热患者的预后也不差。导致不算严重的疟疾的两种疟原虫（一种是间日疟原虫，就是瓦格纳–尧雷格用来治疗梅毒的那种；另一种是卵形疟原虫）有48小时的繁殖周期。但是对于第一天早上发热，第二天晚上再次发病的患者来说，情况可能有些糟糕。造成致命的疟疾的疟原虫（恶性疟原虫）在引起红细胞破裂的周期之间有36小时繁殖周期。不幸的是，恶性疟疾进展非常的快，以至于患者可能活不了太长时间以观测他们发热的类型。

在奎宁发明之前，治疗疟疾的方式竟然是通过一种驱病的咒语。显然，患者生存下来的概率很低。这个咒语被记录在公元3世纪的一个文本中，里面建议发热的病人在一张纸上多次写下“阿布拉卡达布拉”，每一次省略一个字，直到最后就剩一个字。然后，将这张纸作为护身符戴在脖子上，9天之后，将其扔进一条向东流的河流中。看到这，你还认为瓦格纳-尧雷格关于精神分裂症和手淫之间关系的想法很疯狂吗？

英语“鸡皮疙瘩”一词的由来

英语中“鸡皮疙瘩”叫goosepumbs，这个词的由来是因为起鸡皮疙瘩时人的皮肤与刚拔完毛的大鹅（goose）的皮肤很像。其实任何其他禽类拔完毛看起来一样，但为什么英国人喜欢用鹅来形容这种状态是个谜。日本人喜欢用涵盖一切鸟类的“鸟皮”（bird skin）来形容鸡皮疙瘩，犹太人喜欢用“鸭皮”（duck skin）来形容，法国人、西班牙人以及罗马尼亚人倾向于用“母鸡皮”（hen skin）来形容，而荷兰人则喜欢用非性别指代的“鸡皮”（chicken skin）来形容。立毛状态（Horripilation）是鸡皮疙瘩的医学术语，这个词来自拉丁语，意为“受到惊吓的，颤抖的”。英语中“horror”（意为恐惧的）和“horrid”（意为可怕的）起源相同。

参考文献

[1] Obermeyer, Z., et al. Individual differences in normal body temperature: longitudinal big data analysis of patient records. British Medical Journal, j5468 (2017).

[2] Bergman, A., Casadevall, A. Mammalian Endothermy Optimally Restricts Fungi and Metabolic Costs. mBio, 1 (5) (2010).

[3] Gonz ά lez Plaza J. J., et al. Fever as an Important Resource for Infectious Diseases Research. Intractable and Rare Disease Research, 5 (2), 97–102 (2016).

[4] Greisman, S. E., & Hornick, R. B. Comparative Pyrogenic Reactivity of Rabbit and Man to Bacterial Endotoxin. Experimental Biology and Medicine, 131 (4), 1154 - 1158 (1969).

[5] Young, P., et al. AcetaminopHen for Fever in Critically Ill Patients with Suspected Infection. New England Journal of Medicine, 373 (23), 2215 - 2224 (2015).

打哈欠

伸体哈欠是指打哈欠和伸懒腰。当你读到这里时，有可能不自觉产生了想要打哈欠的想法，这是为什么呢？

2007年到2013年，美国运输安全管理局（TSA）花费了10亿美元在一个名为“SPOT”的项目上（通过监控技术对乘客进行筛选），旨在在机场及周围客流中搜寻出潜在的恐怖分子。运输安全管理局的工作人员接受了培训，学习如何识别需要进一步搜身和筛查的92种行为。列表上列出的行为看起来似乎是由一个疯子想出来的，其内容包括下面这些（根据2015年被泄露的列表）：

- 在需要安检时明显地清嗓子
- 对着马上要过安检的乘客吹口哨
- 瞪大眼睛，脸上挂着直愣愣的表情
- 大笑
- 看上去有乔装打扮的迹象
- 当要检查时，过度频繁地打哈欠

持有某些“不寻常的物品”也会引起怀疑。所以，如果你在咯咯地笑，留着像恐怖分子那样的假胡子，还漫不经心地一边吹着口哨一边过安检，那你就要小心了。2013年，在调查并得出“人类基于行为指标准确识别欺诈行为的能力存在偶然性”的结论后，美国政府问责局告知TSA将要限制SPOT计划未来的财政支持。[1]

在TSA的值得怀疑的行为清单里，打哈欠这一条有点儿让人费解。确实，在实施恐怖袭击前一晚很难睡个好觉，但一旦来到机场，那种紧张和压力应该足以抵制了哈欠吧？但是从行为分析“科学”角度来看，让我们来了解一下同样模糊的打哈欠科学。

打哈欠是一种半自主、半反射的行为。大多数人可以强行使自己打个哈欠（不信你就试一试）。然而，自愿主动去打喷嚏是无法实现的，打喷嚏完全是反射行为。但在有些时候，打哈欠也成为一种反射——不受你自主控制的行为，比如我们都会在枯燥无味的会议上打哈欠。与神经病学常见的情况一样，脑损伤患者为我们提供了寻找打哈欠的神经传导通路的线索。

1923年，英国神经科医生弗朗西斯·沃舍爵士（Francis Walshe）治疗一些偏瘫患者。这些患者患侧的肢体是瘫痪状态，只能承载自身的负重。只有在他们打哈欠时，在这令人愉快的6秒左右的时间里，瘫痪侧的肢体肌肉会醒来，并进行伸展。沃舍的结论是，大脑中一个不受意识控制的区域参与协调打哈欠这个行为。尽管患者不能自主张开双臂或伸展手指，但在打哈欠时，交替存在的非自主神经通路允许反射性运动的进行。“的确，”沃舍说，“有一个患者还曾说，他很期待打哈欠，因为只有打哈欠时才可以尽情伸展他的手指。”

打哈欠并不局限于人类，这是在动物界内普遍存在的行为。无论是冷血动物，还是温血动物，都会打哈欠。无论是天上飞的、水里游的，还是地上跑的，都会打哈欠。蛙打哈欠，鸟打哈欠，鱼和龟也打哈欠。博物学家查尔斯·达尔文（Charles Drawin）认识到了打哈欠的普遍性："我看见过一只狗、一匹马和一位男子打哈欠，这让我感觉到很多动物都是在一个结构上建立起来的。"达尔文猜想，这么多动物都打哈欠，那它们是不是从一个共同的会打哈欠的祖先进化而来的呢？他认为，这么多动物都打哈欠，那么打哈欠一定有非常重要的作用。

任何一个物种打哈欠，其过程都非常相似，用力张开嘴，头向后仰，缓慢地、深深地吸气。在打哈欠达到最大程度时，嘴巴用尽全力地张开，肺内充满气体，嘴唇向后拉使牙齿暴露出来，眼睛不自主地闭上，心率与血压都升高。在快速而短暂地呼气之后，嘴巴闭上，所有涉及的肌肉都放松下来。至此，打哈欠的全部过程已完成。打哈欠可以伸展横膈肌与面部、颈部和胸壁的肌肉（如果你很投入地打哈欠，还会伸展手臂的肌肉）。无论是牦牛、猕猴、马还是狗，所有打哈欠的动物都遵循相同的步骤。

所以，我们为什么会打哈欠呢？

几千年来，科学家们一直在找寻这个问题的答案。古希腊医生希波克拉底（Hippocrates，生于公元前460年）认为，对于发热患者而言，打哈欠时，嘴可以充当一个"压力阀"，将热空气排出：

> *打哈欠发生在发热之前，因为大量聚集的空气同时上升，在杠杆的作用下被抬起并且使嘴巴张开。通过这种方式，空气得以轻松排出……就像当水沸腾时从坩埚逸出大量蒸汽一样。*[2]

法国医生让·费内尔（Jean Fernel，1497—1558）同意"气体释放”的想法，他认为，打哈欠就是为了“排出有害气体”。

其他医学家提出的关于打哈欠的理论，涉及了体内的4种体液——黑胆汁、黄胆汁、黏液、血液——任何一种体液未处于平衡状态都会导致疾病。荷兰医生兼植物学家赫尔曼·布尔哈夫（Herman Boerhaave，1668—1738）鉴于打哈欠过程中涉及的深吸气与肢体伸展，认为打哈欠的作用是：

> *……使身体内所有体液遍布每一根血管，加速体液在血管内的流动速度，从而均等地分配体液，赋予身体感觉器官和肌肉执行功能的能力。*[3]

当医学家们否定了基于体液的假说时，另一种比较有趣的理论又出现了：我们打哈欠，是因为我们的大脑需要氧气。1755年，荷兰医生约翰内斯·德·戈特（Johannes de Gorter，1689—1762）在他的《无意识的出汗》(*De perspiratione Insensibili*）一书中首次提出“低氧”的想法。[4]表面上来看，这想法似乎是合乎逻辑的：如果你的血氧水平很低，迫使你吸入大量空气的神经反射是有用的。

1987年，在美国心理学家和神经生物学家罗伯特·普罗文（Robert Provine）的带领下，研究人员决定验证这一假说。[5]要记住，呼吸过程包括吸入氧气、呼出二氧化碳。如果你呼吸不够快或者不够深，血液中氧气水平就会下降，二氧化碳水平就会上升。科学家选择大学生作为试验对象，测量这些学生在室内空气中（21%的氧含量）打哈欠频率的平均值。接下来，他们让学生吸入100%氧含量的纯氧，如果“低氧导致打哈欠”

的假设是正确的，那么高含氧量情况下应该停止打哈欠或者减少打哈欠的次数。但试验得出的结果并非如此。研究人员没有退缩，他们尝试了相反的方法：让学生吸入高浓度二氧化碳，这将模拟氧气不足的情况，即血液中二氧化碳浓度升高。但是，这种方法过后，学生们也并没有出现频繁打哈欠的情况。最后，学生们被要求进行运动，直到呼吸速率翻了一倍。这时候他们对氧气的高需求会引起高频率的打哈欠吗？答案是否定的。尽管如此，通过打哈欠来吸入更多氧气的想法确实很有吸引力，但打哈欠的原因究竟是什么，目前仍十分神秘。

也许了解人类和其他动物打哈欠的时刻可以揭示有关打哈欠的功能的一些线索。对人类来说，打哈欠的高峰时刻在睡前、刚起床以及进行无聊的活动时。但是紧张性的打哈欠——比如那些潜在的恐怖分子——也是一个被大量记载的类型。伞兵通常在第一次跳伞前会打哈欠；优秀的运动员与音乐家在比赛和表演前也会打哈欠。在2010年温哥华运动会上，速滑运动员阿波罗·奥诺（Apolo Ohno）被摄像机抓拍到打哈欠的动作，于是他饱受诟病，因为人们认为他比赛态度消极而且睡眠习惯很差。他简单地解释了这个情况以回击那些对他的批评，他说："我有点儿喜欢打哈欠，就像一头狮子一样。"的确，狮子特别喜欢打哈欠，尤其是午睡醒来后或者傍晚捕猎之前。每天散步时间不怎么变的宠物狗，在主人抓住狗绳之后也会开始打哈欠。狒狒、豚鼠以及拳击手迈克·泰森（Mike Tyson）在准备战斗或比赛前都被观察到会打哈欠。

所有这些让人打哈欠的共同主线是什么？重要赛事（比如奥运会决赛或重量级比赛）或行为发生变化（比如从打盹儿转变为打猎，或者是从闷在家里转变为到公园闲逛），需要提高精神警觉性。也许打哈欠有助于使我们的大脑兴奋，这也是现在研究打哈欠的科学家的普遍共识。

打哈欠到底是如何提高心理效率以及促进觉醒的，我们尚不清楚。也许打哈欠可以在大脑附近引起脑脊液的漩涡，帮助我们清除积累的代谢废物；也许打哈欠通过增加血压和心率，进而增加头部血管内新鲜的富含葡萄糖的血液，为大脑的活动提供能量；抑或是打哈欠通过保持大脑的最佳工作温度来保持人的兴奋性。

“大脑冷却假说”认为，打哈欠可以阻止大脑温度短暂地升高。打哈欠可能通过几种不同的机制来冷却你的大脑。首先，在你打哈欠的时候，环境空气流进鼻孔，而通过潮湿的呼吸道的空气有蒸发吸热的作用，进而冷却大脑。其次，打哈欠引起大量血液涌入颅内，这样可以从各处聚集温度低的血液。最后，伸体哈欠（即在打哈欠时手臂伸展）可以使四肢保持伸展状态，在微风中通过辐射散热来起到降温作用。大脑冷却假说解释了为什么打哈欠在晚上会更频繁：下午6点时，人的身体和大脑温度处于每日的峰值。至于早上打哈欠，可能是为了大脑的代谢过程迅速启动时使其温度保持稳定。

简而言之，没有人知道我们为什么会打哈欠。“打哈欠或许有着似是而非的差别，它是最不被了解的人类常见行为。”研究打哈欠的专家罗伯特·普罗文教授（Robert Provine）哀叹道。这位研究者1987年根据假设进行了开创性的研究，阐明了打哈欠可以得到充足的氧气这一事实。[6] 打哈欠有很多后果——使肺扩张，使眼睛流泪，使咽鼓管的开口张开，增加心率，增高血压，也许会给你的大脑降温——不过这可能是打哈欠的潜在功能。经过多年对打哈欠的研究，普罗文得出的最佳结论是，打哈欠“刺激了我们的生理机能，它在机体从一种状态转变到另一种状态中起着重要作用”。[6]

事实证明，大约在普罗文提出这个结论前250年，两位法国医生已经分别提出了这个想法。第一个是在1763年，让-费拉皮·杜菲欧（Jean-Férapie Dufieu）提出：

> *当我们醒来时，我们打哈欠，伸展胳膊，我们更加敏捷，我们的精神更加清醒。在睡眠时脑内的黏液不会流过肌肉，所以所有的肌纤维行动都是迟缓的。因此我们必须使肌肉全部收缩，为过滤进大脑的神经黏液打开通道，并且把它们带到这些地方。此外，由于血液流经肌肉的速度缓慢，所以必须要加快它们的速度，这是通过四肢伸展时肌肉收缩来完成的。打哈欠也有同样的原因。这些脑内黏液进入肌肉当中，大量聚集，使我们的行为更加敏捷，因为我们的意识向神经发送大量的信息来改变我们的身体部位。*[7]

5年后，弗朗索瓦·博伊希尔·德·索维奇（François Boissier de Sauvages）也同样开始关注打哈欠的作用：

> *……灵魂体验到了一种极致的快乐，整个人变得更有活力，更加机敏。*[8]

我们现在不再谈论“神经黏液”或灵魂“极致的快乐”了，但这两位法国人的假说与现代打哈欠的研究者的立场非常相似。

*

最后一个关于打哈欠的奇怪现象增加了打哈欠的神秘性，那就是打哈欠会传染。当我们看到别人打哈欠时，我们自己也想打哈欠。打哈欠会传染这一现象早在几个世纪前就被发现了。荷兰化学家兼医生简·巴普蒂斯塔·范赫尔蒙特（Jan Baptista van Helmont，1577—1644）认为：

> *为什么当别人打哈欠时，我们会不由自主地跟着打哈欠呢？这表明打哈欠并不是来自水蒸气，而是来自我们想象当中。*[3]

人类和我们的近亲——黑猩猩——是唯一容易被打哈欠传染的生物。像狮子和狼这样的动物虽然经常被观察到同时打哈欠，但是没有证据表明它们打哈欠是彼此传染的。相反，它们对相同的刺激可能会做出不同的反应，比如在准备捕猎时。

黑猩猩打哈欠的传染性并不像人类这样明显。虽然视频实验可以诱导实验中的黑猩猩打哈欠，但是没有观察到野生黑猩猩打哈欠的传染性。有人认为，用来测试黑猩猩的实验室条件（循环播放一只黑猩猩打哈欠的视频）代表一种“超常刺激”，迫使黑猩猩被传染，于是它才会打哈欠。

在人群当中，看到、听到甚至想到打哈欠都会引起打哈欠。在普罗文的一项关于打哈欠传染性的研究当中，在观看一段长达5分钟的一名男性反复打哈欠的视频后，有55%的受试者打了哈欠。相比之下，观看另一类视频（视频内容是一个家伙不停地咧嘴笑）的对照组中，只有21%的受试者打了哈欠。[9] 如果你在阅读这一部分时不停地打哈欠，相信我，你不是一个人这样做——在普罗文的另一项研究中，30%的受试者在阅读一篇关于打哈欠的文章时打了哈欠，相比之下，对照组中有11%的人打了哈欠（他们读的是关于打嗝的文章）。

打哈欠的传染性被心理学家认为是一种叫作“心理状态归因”的现象——即推断或理解他人想法的能力。打哈欠需要有同理心。你对一个人的同理心越强，你就会发现他打的哈欠对你来说更有传染性。比起在超市里随便遇到的一个人，你更有可能被最好的朋友传染打哈欠，而在衡量同理心的特质问卷中，得分较高的人很容易被他人传染打哈欠。相反，那些难以理解他人想法的人，比如精神分裂症患者与自闭症患者，表现出被他人传染打哈欠的比率要低得多。

2003年，一项很有说服力的实验揭示了孩子们开始打哈欠的年龄。[10]让2～11岁的孩子观看一段视频，视频中一个成年人聊着去动物园游玩的经历，读着童谣故事，同时经常打哈欠。那么，看到或者听到打哈欠会引起孩子们打哈欠吗？或者想要打哈欠吗？为了验证这一说法，让孩子们阅读一个主角总是打哈欠的故事（或者让他们读出来）。结果是什么呢？无论是看到、听到还是想到打哈欠，它都不会传染给5岁以下的孩子。在5～10岁之间，被传染打哈欠的比率逐步上升，直到11岁，这个比率稳定在55%左右（与普罗文针对成年人的研究结果比率相同）。

尽管胚胎在妊娠第14周时开始就反射性地打哈欠，但至少需要5年时间才能发展出我们的同理心，并且被他人的打哈欠而传染。到目前为止，人类已经花了2500年的时间——到目前仍在继续——想要弄清楚我们最初为什么要打哈欠。

总结： 打哈欠是一种可以提高精神状态的行为。被他人打哈欠传染可以感受他人的精神状态，并且这被认为是一种可以建立社会关系的纽带。

知识链接

打哈欠与另一种“兴奋”

性欲减退是许多抗抑郁药物引起的常见并令人苦恼的副作用。然而，一种抗抑郁药却有相反的效果：据报道，氯丙咪嗪会引发打哈欠进而引起性高潮。1983年发表的一篇论文中，记录了几个让人惊讶的患者经历。[11] 一名女性很不好意思地表示，她希望长期服用这个药物，因为“每打一次哈欠，就产生一次性高潮”。她发现自己可以通过故意打哈欠来体验性高潮。

另一名女子却抱怨说，每一次“打哈欠”都会产生不可抗拒的“性冲动”。一名男子并不想持续服用氯丙咪嗪，“因为他注意到自己经常打哈欠，而且当他打呵欠时，很多时候会经历性高潮和射精”。但是他最终选择了继续服用这种抗抑郁药，因为药物使他的情绪有很大改善，而且他可以“通过不断地戴避孕套来克服尴尬”。

不打哈欠的长颈鹿

长颈鹿是唯一没有被观察到打哈欠的哺乳动物。1992

年，美国心理学家、打哈欠的研究者罗纳德·班宁格（Ronald Baenninger）让他的一个研究生观看了一段长达35小时的动物园里长颈鹿的录像，结果没有发现一只长颈鹿打哈欠。为了克服重力将血液推上它们1.8米长的脖子，长颈鹿的静息心率为每分钟170次，血压也是我们人类的两倍。那些关于增加头部血液流动的假说——提供葡萄糖、清除代谢废物、冷却大脑或其他原因——对长颈鹿来说可能都是多余的。由于长颈鹿已经有了最强大的循环系统，它们很难再从打哈欠产生的额外血流中获得好处。但也许长颈鹿会在私下里偷偷地打哈欠，只是没有被我们发现呢？

参考文献

[1] Aviation Security: TSA Should Limit Future Funding for Behavior Detection Activities. U.S. Government Accountability Office, 14-159 (2013).

[2] Coxe, J. R. The Writings of Hippocrates and Galen Epitomized from the Original Latin Translations. Vol: Of Flatus. PHiladelpHia, Lindsay and Blakiston (1846).

[3] Walusinski, O. (Ed.). The Mystery of Yawning in PHysiology and Disease. Frontiers of Neurology and Neuroscience. S. Karger AG (2010).

[4] Gorter, de J. De Perspiratione Insensibili (ed. 2) Italica, Manfr è Imp. Patavii (1755).

[5] Provine, R. R., et al. Yawning: No effect of 3 - 5% CO2, 100% O2, and exercise.

Behavioral and Neural Biology, 48 (3), 382 - 393 (1987).

[6] Martin, R., Trudeau, M., & Provine, R. Yawning may promote social bonding even between dogs and humans [Radio broadcast]. National Public Radio (15 May 2017).https://www.npr.org/transcripts/527106576.

[7] Dufieu, J. F. Trait é de pHysiologie. Lyon, Jacquenod Fils. Lib. (1763).

[8] Boissier de La Croix de Sauvages, F. Nosologica methodica sistens morborum classes. Amstelodami, Fratrum de Tournes (1768).

[9] Provine, R. R. Yawning. American Scientist, 93, 532 - 539 (2005).

[10] Anderson, J. R. & Meno, P. Psychological influences on yawning in children. Current Psychology Letters, 11 (2003).

[11] Mclean, J. D., et al. Unusual Side Effects of Clomipramine Associated with Yawning. The Canadian Journal of Psychiatry, 28 (7), 569 - 570 (1983).

头部

秃顶

“梳头”是一个不寻常的词语，
当然梳的是一个人的“头发”，除非你已经秃顶了。

当凯撒大帝不断对外扩张时，他的发际线也在疯狂地上移。罗马历史学家苏艾尼托乌斯（Suetonius）在公元121年写道：“凯撒大帝的秃顶严重影响了他的外貌，这也深深地困扰着他。”“正因为如此，他经常将稀疏的几绺头发从他头上的冠冕中向前梳。”[1]凯撒的爱人，埃及女王克娄巴特拉（Cleopatra），费尽心思地发明了一种以马齿粉和鹿骨髓为原料制作的增发剂（大概是看到这两种生物毛发旺盛受到了启发吧）。但是，这并无效果。为了掩饰自己日渐上移的发际线，凯撒经常戴月桂花冠，但通常是在纪念胜利日时佩戴。

凯撒认为，秃顶是一种缺点，会有损他塑造的拥有绝对权力的人设。但他绝对不会想到，2000年后，秃顶似乎会给参加选举的俄罗斯男性带来优势。有一个奇怪的现象，自从1825年秃顶的尼古拉一世成为俄罗斯帝国的皇帝以来，俄罗斯的领导人就一直在秃顶和毛发旺盛的人之间交替出现。这确实是一个怪异的事实。

凯撒对其是梳子的发明者一点儿也不感到开心。但是值得争议的是，这份荣誉归到了美国一对父子二人组，弗兰克（Frank）和唐纳德·史密斯（Donald Smith）身上。1977年，这对父子为凯撒的梳子申请了专利，作为“一种只用人们头顶上的头发来遮挡秃顶部分的方法”。[2]美国专利4022227解释了这种方法：“发型需求使人们的头发分成三份，小心地用其中一部分遮盖住另一部分。”其实，戴个月桂花冠也是个不错的选择。

*

与大多数哺乳动物相比，人类的毛发真的特别稀少。例如，海獭一平方厘米皮肤的毛发要比人类的整个头皮上的毛发还要多。除了那些看起来有点儿让人害怕的无毛猫和裸鼹鼠（如果你未曾见过，不妨想象一下一只秃了的小海象），很少有像我们一样皮肤大面积裸露的哺乳动物。人类相对稀少的毛发在所有灵长类动物中是非常独特的。其他的灵长类动物则披着厚重的毛发：橙色毛的猩猩、条纹尾的狐猴、卷曲金毛的狒狒。独特的毛发和颜色甚至赋予了几种灵长类动物的名字，比如银背大猩猩、绢毛猴（留着白色莫霍克发型）和卷尾猴。

我们把人类命名为智人——有智慧的人类，但如果按上面灵长类动物命名的逻辑，也许我们应该叫Homo gymnos——“裸体的人”（英语中，“gymnasium”一词来自希腊语中“裸体的地方”，因为那个时期运动员们裸体训练很普遍）。

裸体帮助我们的祖先在大草原上生存了下来。当我们的祖先从潮湿的大树上爬下来，在宽广的草原上漫步时，保持凉爽成为首要的任务。在烈日的曝晒下打猎，对任何皮毛浓厚的物种来说都非常艰难。但是毛发稀少的原始人可以在白天外出打猎和寻找食物，而不会因为热而丧失运动能力，因为其裸露的皮肤会通过辐射散热的方式散发热量。自然选择也倾向于那些汗腺密度大的物种，因为这也为蒸发散热提供了优势。多汗少毛的两足古人类可以跑更长的距离而不会体温过高。并且最终人类祖先学会了使用火和制作衣服来保暖，这更是大大减少了体表皮毛的必要性。因此，裸体的类人猿进化了。

理论上讲，人体并不是完全裸体的。我们的毛囊密度与其他猿类一样，但我们的许多毛发都非常的细，而且它们会脱落，而毛发脱落这一现象也给人们带来不小的心理压力。

*

头发是一串聚集在一起的死细胞，它们从你头皮中一个叫毛囊的通道钻出来。除了嘴唇、手掌和脚底之外，剩下的皮肤都有毛囊。在你的一生中，你的500万个毛囊中的每一根毛发将反复地生长和脱落。以头皮毛囊为例，每个毛囊可以滋养大约20根头发。一根头发脱落后，另一根头发就长出来了。每个毛囊独立进行生发—脱发循环，以防止秃顶。如果毛囊的这种循环同步了，那么当你所有的毛囊都进入“脱落”阶段时，你醒来时会发现你秃顶了或没有眉毛了。

头皮内只有占全身总数2%的毛囊，大约10万个。平均数量与发色有关。黑发的头皮内有7.5万～15万个毛囊，金发的比黑发的多10%，红发的比黑发的少10%。

头发被一些叫作黑素细胞的细胞自然染色，这种细胞分泌黑色素。黑色素有两个种类：真黑素（黑色或棕色）和褐黑素（略带红色）。尽管颜色种类有限，这两种色素的混合可以产生我们人类不同种类的发色。如果黑素细胞产生很多乌黑的真黑素，头发就会变黑。棕色真黑素弱染的头发呈现金色；棕色真黑素浓度更高的话，会产生巧克力色的头发。人在出生后，棕色真黑素的产生可能需要一段时间，这就是为什么有些金发的孩子长大后可能会变成黑发。草莓金色的头发中含有低浓度的棕色真黑素和黑色真黑素。同样，红色的毛发主要含有的是褐黑素。

基因决定了黑素细胞不再产生黑色素的年龄，这会使无色素的灰色或白色毛发长出。基因也可以解释头发颜色的变化。多种基因控制着头发中黑色素的类型以及含量。不同部位的毛囊表达这些基因的方式也有所不同。由于色素比例的细微差异，男性的胡须和头发的颜色通常不一致。通常在下颌部位产生较高浓度的褐黑素，这导致长出红色的胡子。眉毛和睫毛的毛囊产生的真黑素是眉毛与睫毛颜色较深的原因。

头发的生长始于毛囊底部的一团活细胞。拔掉你的一根头发，检查它的根部：一个尖端肿胀的球团。你的500万个毛囊中，每一个都有一块小肌肉（即立毛肌，拉丁语的意思是“直立的头发”），就在球团的上面。每块肌肉的另一端被皮肤覆盖。当肌肉收缩时，它会使头发竖立。血管向毛囊内的球团传递营养物质，供其进行细胞分裂。新生的细胞被“注射”上黑色素，并开始从基部填充毛囊内的通道。不断产生的新细胞将它们上面的老细胞推向皮肤表面。由毛囊内皮脂腺分泌的油性皮脂使毛囊生发通道保持润滑。不断上升的细胞其血液供应逐渐被切断，慢慢地开始死亡。在它们同死亡抗争的过程中会分泌一种黏性蛋白质，叫角蛋白。当角蛋白变性发硬时，它包裹死细胞形成一条条固体链。毛囊内球团处持续进行细胞分裂，将这一条条固体链穿出毛囊，直到它到达皮肤表面。当你的头发生长时，你似乎会感觉到这些硬邦邦的固体链冒出来。

现在，大约90%的毛囊都处于它们生命周期中的生长阶段。但是，头发并不是一直生长的。头发的最大理论长度取决于它生长阶段的持续时间，生长阶段的持续时间又因受身体部位和基因的影响而不同。大多数人的头发在脱落前会持续生长2～6年。吉尼斯“世界上最长的头发”纪录的保持者因为基因的缘故，毛囊拥有相当长的生长阶段（中国女子谢秋萍自2004年起就始终保持着这一纪录，31年后，她的头发长达5.627米）。眉毛的生长阶段只有2～3个月。所以，不管你怎么努力，你永远不会成功地长出很长的眉毛。同样，生长阶段短也解释了你为什么不必修剪睫毛或前臂毛。在你的身体各个部位，毛发的生长速度也会发生变化。头发每天生长0.3毫米（约每月生长1厘米），而眉毛的生长速度为每天0.1毫米。

剩下的10%的毛囊处于“休息阶段”。一旦头发的生长阶段结束，球团就会切断血液供应，并向头皮表面缩回。脱落的头发首先在毛囊中停留大约100天，直到梳子的梳齿或洗发时有力的手指促进了最后的分别。每天有50～100根头发自然脱落。新空出来的毛囊将再次进入生长阶段。

你可以通过头发的毛球团的外观来判断头发现在处于什么生长阶段。如果时间允许，你可以再拔出几根头发检查毛囊。深色、厚实的球团是头发处于生长阶段的特征。处于休息阶段即将脱落的头发的球团看起来就像一个坚硬的白色节点。如果你看不到球团，你可能从中间把头发弄断了。

*

当你在母体内10周左右长到草莓大小时，就已经开始形成毛囊了。但这时还不会长头发，只有即将有头发长出的通道——毛囊的形成，这一过程从头皮开始，直到妊娠22周时脚部毛囊的形成。那时的你已经有椰子那么大了，而且像椰子一样表面有毛。新形成的毛囊将纤细、柔软、半透明的毛挤出皮肤表面，这个毛称为胎毛（拉丁语中“羊毛”的意思）。不久之后，一件毛长2~3厘米的毛茸茸的“外套”就覆盖了你的全身：脸、胸部、背部，到处都是。你最终会在子宫内的第7个月或第8个月的时候脱掉这件毛茸茸的“外套”。你可能会问，这些脱掉的松软的毛到哪里去了？其实，你把它们吃掉了。你的第一次排便，排出的粪便叫作胎粪，里面就含有大量的胎毛。

出生之后，你的毛囊会根据它们的位置分化为两个种类。一些毛囊增大，并且开始长出浓密的、有颜色的成束的头发，即末梢发，比如你的头发，还有睫毛和眉毛。大多数毛囊依然很小，零散长出短的、无色的绒毛（拉丁语称“羊毛”）。看看你的耳垂，上面那些都是绒毛。许多绒毛甚至都看不见，因为它们可能永远不会长到从毛囊中凸显出来。

青春期与一种被称为雄激素的类固醇激素含量的急剧升高有关。两种比较重要的雄激素是睾酮和二氢睾酮，后者更有效一些。尽管“男性荷尔蒙”雄激素（andro）在希腊语里是“男性”的意思，但是女孩们也会产生少量的雄激素。雄激素会促进一些地方的生长，即肌肉、骨骼、声带以及毛囊。浓厚的阴毛也在青春期出现，因为在雄激素的作用下，一些生长绒毛的毛囊转变成生长末梢发的毛囊。全身的毛囊对雄激素的敏感性不同。敏感度高的部位是生殖器周围与腋下的毛囊，即便是女孩那么低的雄激素水平也足以将绒毛毛囊转化为末梢发毛囊。男孩较高的雄激素水平在更多部位会达到“转变”的阈值，包括上唇、下颌、胸部、四肢、手掌和手背。

这个道理大家都知道：雄激素可以使毛囊生长。但男人会随着年龄的增长而秃顶，女人却不会。雄激素缺乏的女性不应该是更容易脱发的人吗？而且，为什么有些秃顶的男人还能留出浓厚的胡子呢？

这个现象被称为“雄激素悖论”。雄激素会使胡须生长，但头发会缩水。没人知道为什么头皮内的毛囊对雄激素会是这种反应，叫作悖论是有原因的。我们无法解释这个悖论，但以下关于秃顶是如何发生的机制我们很清楚。

睾酮通过血液到达毛囊。当睾酮与毛囊中的一种化学物质5-α还原酶发生反应时，它会形成作用效果更强的雄激素——二氢睾酮（DHT）。面部的毛囊在DHT的作用下茁壮生长，为浓密的胡子的生长提供了条件。但是在头皮，DHT将末梢发毛囊转变为绒毛毛囊。DHT阻断了头皮内毛囊的生长，使其缩小，让头发永远无法长到可以显露出来的长度。DHT的联合效应逐渐“缩小”（这是一个真正的医学术语）头皮内的毛囊，直到你剩下一个秃秃的脑袋。

脱发以一种非常典型的模式进行，这反映了头皮内毛囊对DHT的敏感性会发生变化。首先，发生变化的是发际线两侧对DHT非常敏感的毛囊，这个区域逐渐形成一个M形，头上秃顶的区域很快就会隐约地出现。秃顶区域逐渐扩大，发际线逐渐上移，直到它们融合在一起，这让人十分沮丧。最后，只剩下一块沿着后脑勺和两鬓半圆形的头发。我们也不知道为什么，这块区域的毛囊就像长胡须的那些毛囊一样，在DHT的作用下会茁壮成长。

医生用包含7个类别的汉密尔顿-诺伍德量表来对一个人的秃顶程度进行分类，将秃顶分成不同的阶段。我们会讲到詹姆斯·汉密尔顿（James Hamilton）博士，以及奥塔尔·诺伍德（O'Tar Norwood）博士。诺伍德是植发的先驱者，在1970年将量表更新时，量表的命名加入了他的名字。年龄在40～49岁的男性中，大约一半有“中度到广泛的”秃顶，定位到汉密尔顿–诺伍德量表中则是第三阶段（发际线明显上移，可能出现斑秃）。[3]

一个人的基因决定了他是否有脱发的倾向。有些男性只是恰好有对DHT非常敏感的毛囊。而有的男性头皮内毛囊5－α还原酶浓度较高，使DHT浓度高到足以“淹没”毛囊。无论如何，青春期过后结果都一样：持续维持成人水平的雄激素引起进行性的秃顶。受基因影响，对雄激素敏感度高的男性在青春期后不久就开始脱发，并迅速进入汉密尔顿–诺伍德秃顶的几个阶段。

令人困惑与抓狂的是，同一种激素会对彼此相差不远的毛囊产生截然相反的影响——头部疯狂脱发，脸上疯狂长胡子。雄激素悖论是植发治疗秃顶的基础。如果一些在DHT作用下生长的毛囊从下颌移植到头皮内，它们就会继续长出头发了。手术之后茂盛的头发可不像你付完费用之后空空的钱包。

*

几千年来，人们早就注意到被阉割后的男人不会秃顶。希腊医生希波克拉底注意到，守卫国王与后宫的波斯太监从来不会秃顶。希波克拉底本人也遭受秃顶的困扰，他试图用辣根、甜菜根、香料、鸦片和鸽子粪的混合物来拯救他已经消失的头发。很遗憾，这些都没有效果。希波克拉底得出结论，像他这样的“热血”男性会秃顶，但没有“热血”的男性则留得住他们的头发，大概“热血”会抑制毛囊的活动吧。希腊数学家亚里士多德（Aristotle，公元前384—公元前322）对秃顶则有了进一步的思考：

男性比其他任何动物都更容易秃顶……没有谁会在第一次性交前秃顶……女人不会秃顶，因为她们的天性像孩子一样……太监不会秃顶，因为他们已经变成了女性的状态。[4]

虽然亚里士多德对性激素在性别方面一视同仁这一点毫无所知，但很明显，他所陈述的都是显而易见的。直到1905年，“荷尔蒙”，即激素（源于希腊语，意为“启动”）这个词才被创造出来，而睾酮在1935年才被描述和命名。有很长一段时间，科学家们推测存在一种给予人们男子气概的物质。例如，1889年，72岁的法国神经科学家查尔斯·布朗-塞卡德（Charles Brown-Sequard）给自己注射了豚鼠和狗的睾丸提取物，表示它们有恢复身体活力的功效。他滔滔不绝地说：“我至少恢复了多年前我所拥有的力量。”[5]随后掀起了“器官疗法”的趋势，其中包括从动物睾丸和其他器官提取物质并注射入体内，试图阻止衰老和治疗疾病，但这并没有什么效果。

1942年，针对秃顶的研究取得了突破。耶鲁大学解剖学家詹姆斯·汉密尔顿博士（以汉密尔顿量表而闻名）调查了104名在不同年龄失去睾丸的男性“睾丸与发量的关系”。[6]青春期前被阉割的男性没有一个秃顶。“毛发不仅在太阳穴上方生长，而且还在前额的一侧生长，几乎一直延伸到眉毛的侧面。”青春期之前没被阉割的男性，在发生秃顶之后，将他们的睾丸切除，秃顶情况也会被有效控制。但如果被阉割的人接受了雄激素注射，他又会发生秃顶。

汉密尔顿已经科学地证明了雄激素会导致秃顶。现在，我们知道了被阉割的男性（和女性）不会秃顶的真正原因：缺乏雄激素（而不是缺乏热血）。男人的睾丸是雄激素的主要来源之地。女性与没有睾丸的男性，只有肾上腺（和女性的卵巢）产生少量的睾酮。微剂量的睾酮意味着只能产生微剂量的DHT，因此发生秃顶的概率也很小。但部分女性也难逃雄激素介导的秃顶。由于卵巢囊肿、肿瘤或其他疾病而产生过量雄激素的女性也会像男性一样发生秃顶。

不是所有的秃顶都可以归咎到雄激素身上。脱发也可由自身免疫性疾病导致，即一个被误导的免疫系统攻击你的毛囊。脱发也是某些治疗癌症的药物常见的副作用。化疗药物可以像杀死肿瘤细胞一样杀死其他快速复制的细胞（这也是化疗起效的原因），所以化疗药物可以杀死口腔黏膜细胞（引起口腔溃疡）、肠道上皮细胞（引起腹泻）和毛囊细胞（引起脱发）。有些化疗方案采用的药物不会导致明显的脱发，但这些药物会对你全身的毛囊有毒性，而不仅仅是你头皮内的毛囊，眉毛、睫毛、阴毛和头发都有可能会脱落。化疗后，你的毛囊需要一段时间才能恢复正常并开始长出头发。起初再生的头发的纹理和颜色都不正常，甚至可能是灰色的，直到你的黑素细胞分泌黑色素使其回到正轨。

比较大的身心压力会将你的毛囊从多年来的生长阶段突然转变为长达3个月的休息阶段。我曾经治疗过一个心理压力比较大的女性，她声称自己在复活节那个周末大量脱发。她拿出了一个袋子，里面装满了深色的长发，来证明她所说的是真的。当我问她3个月前是否发生过什么刺激性或创伤性的事件时，她疑惑地看着我，事实是，她的儿子在元旦那一天死于一场车祸。

*

本质上来说，头发只是附着在皮肤上的一团死细胞。说到头皮，人类非常重视附着其上的头发的长度、体积、颜色和数量。在凯撒和克娄帕特拉的故事发生之后，秃顶就引发了人们厌恶、怜悯以及嘲弄的情绪。将头发梳得一丝不苟的日本男人被戏称为“条形码男人”，这个称呼的由来是因为褪色的黑色头发与苍白的头皮线性排列很像一个条形码。对秃顶的厌恶在医学英语里就根深蒂固，脱发（alopecia）一词来自古希腊语的“狐–疥癣”（alo-pekía）。显然，秃头会让人联想到被螨虫困扰的狐狸，它们因为无法忍受瘙痒而摩擦掉自己的皮毛。但实际上，头发并不是我们人类所必需的东西。正常的脱发对健康没有任何损害，唯一的问题便是大众对秃顶不正确的态度。

总结： 雄激素会使头皮内的毛囊收缩并停止生长，从而导致进行性秃顶的发生。其原因我们还不知道。由于男性的雄激素水平通常高于女性，所以一般来说，男性会随着年龄的增长而逐渐秃顶，女性则不会。

知识链接

相关名词的来由

睾酮（Testosterone）来自睾丸（testicles）。“鳄梨”（avocado）一词也一样。“avocado”来自纳瓦特语（阿兹特坎

语）的单词“aguacate”，意思是“鳄梨”和“睾丸”，因为它们两个形状相似，生长趋势也相同。

头发的生长方向

身体的毛发以不同的角度生长，这取决于当毛囊形成时胎儿皮肤被抻拉的方向。毛发最初都“直立向上”生长，而后毛囊被逐渐生长的四肢和器官拖拽到不同的角度。例如，你的头发的倾斜角度是由妊娠10~16周时大脑快速发育牵拉头皮造成的。当圆球状的大脑向后发育时，紧绷的头皮内的卵泡也会向后倾斜。拿一面镜子，看看你后脑勺上的头发：螺纹的中间部分标记了子宫内发育的最大大脑的表面位点。大脑结构存在问题的婴儿，其发型可能会出现明显异常。如果他们的大脑不像正常人那样牵拉头皮快速生长，螺纹可能会消失，他们的头发可能会拉直，而不是像正常人那样向后倾斜。大脑生长的不均匀可能会造成多个螺纹的出现，或者是部分头发逆纹理生长。

士兵与胡子

在军队里是否可以留胡子经历了曲折的历史，不同的时期它曾被强制要求或禁止。大胡子曾被认为是阳刚之气的象征，在1854年的时候，东印度公司在孟买的军队强制要求士兵要留胡子。英国军队也很快效仿。1860—1916年，英国士兵如果偷偷剃掉了胡子，就会受纪律处分。根据1906年通过的国王条例第1695条命令："头发必须时刻保持短发，下唇和下颌的胡子要剃掉，但是上唇的胡子不许剃掉。胡须，如果修理，要保持中等长度。"这项政策在第一次世界大战中被废弃了，因为士兵们抱怨他们的胡子影响了防毒面具的密闭性，从而危及了他们的生命。废除命令是由内维尔·麦克雷迪（Nevil Macready）将军签署的，他非常鄙视他曾经的行为：

【签署命令后】那天晚上我去了一家理发店，我为其他人树立了榜样，因为我很高兴，我终于摆脱了多年来因为遵守命令而留下的被人们鄙视的胡子。[7]

英国皇家空军在2019年9月1日政策更新之前是全面禁止面部留胡子的，直到在那之后才允许"修剪胡须"，以显示部队管理的包容性。

英国皇家海军的程序手册，细致描述了关于士兵头发和胡子的规定，并配有解释性的图片。被禁止的面部胡子形状包括"翘八字胡""小胡子"和"山羊胡"或"嬉皮士长胡"。[8]你的长官认为的任何"散乱的"或"留的时间太长的"（建议两周一剪）的胡子都会得到剃须刀的问候。

参考文献

[1] Suetonius. The Life of Julius Caesar. Translated by Rolfe, J. C.

[2] Smith F. J. Method of concealing partial baldness. US Patent 4022227A (1977).

[3] Rhodes, T., et al. Prevalence of male pattern hair loss in 18-49 year old men. Dermatology Surgeon, 24 (12), 1330-1332 (1998).

[4] Aristotle. On the Generation of Animals. Translated by Platt, A. Book V, Ch. 3.

[5] Brown-Séquard, C. Note on the effects produced on man by subcutaneous injections of a liquid obtained from the testicles of animals. The Lancet, 2, 105-107 (1889).

[6] Hamilton, J. Male hormone stimulation is prerequisite and an incitant in common baldness. American Journal of Anatomy, 71 (3), 451 - 480 (1942).

[7] Macready, N. Annals of an Active Life, Volume 1. Hutchinson & Company (1925).

[8] Naval Personnel Management. Chapter 38 Policy and Appearance (version 10), Edition of BR 3, Volume 1 (2016).

耳 痛

"上周日晚上 11 点 30 分，
画家凡·高把他的耳朵割下来送给了一个叫拉舍尔的妓女，
并嘱咐她"小心保管这个东西"。

——共和党论坛（Le Forum Republicain），1888 年 12 月 30 日

上面仅是关于凡·高耳朵众多传言中的一个。

英语是一种很委婉的语言："暂时赋闲在家"（between jobs）是一种非常礼貌的描述一个人失业情况的用语；"不要对傻瓜宽容"（doesn't suffer fools gladly）是对一些浑蛋或白痴很不耐烦的委婉用语；"古怪的人"（eccentric）是指那些言行举止比较癫狂但是却非常有钱的人。凡·高一生只卖出一幅画，死的时候身无分文，他被世人认为是"一个疯子"。弗洛伦斯·福斯特·詹金斯（Florence Foster Jenkins）是20世纪初纽约一位"古怪的"社交名媛，尽管她五音不全，但她始终认为自己是一名歌剧歌手。《生活》杂志（*Life*）称她"可能是全曼哈顿唯一一位公开展演的最彻底的、最缺乏天赋的人"，并且毫不客气地说"听她软绵绵的叫声就像偷听一个处于四周衬以软垫的牢房囚犯的惨叫一般"。

詹金斯在18岁时感染了梅毒。有一种理论认为，她在青霉素出现前用毒性物质——汞和砷治疗梅毒，可能因为重金属的毒性导致了她听力的损害。她自我感觉良好的天赋可能是一种宏观上的错觉，这是晚期梅毒的典型特征。不置可否的是，詹金斯对外界的评论不服，她宣称：“……人们可能会说我不会唱歌，但没有人能说我没有唱歌。”

砍掉一只耳朵给妓女，或者忍受几小时跑调的歌剧演唱都会导致耳朵疼。不过，除了这些夸张的原因，更普遍的原因是中耳感染。

提到耳朵时，你的大脑中可能会出现一个外耳的图像。这个由褶皱皮肤和软骨组成的结构将声波传入耳道——一个由皮肤覆盖的像蜡衬管一样大约有一个小回形针长的管道。顺便说一句，在凡·高的第二语言——法语中，回形针（paperclip）这个词是“trombone”，因为它们看起来很像。顺便说一下，英语里将“trombone”称为乐器“长号”（你联系一下上下文，避免意思混淆）。你的耳道的末端由耳膜封闭起来。

耳膜仅仅是一个位置特殊的皮肤薄膜。有些人认为耳膜似乎是由一些神奇的材料制成的，比如独角兽的鬃毛。提到耳膜“破裂”通常会让人们联想到血液从耳道流出的画面，但情况并非那样。耳膜就是皮肤，如果你在它上面戳了一个洞，它会很快长好，就像你膝盖骨外层覆盖的皮肤上磕破了一个伤口一样。

游泳的人通常会患上外耳道感染，这被称为游泳性耳炎（swimer's ear），这是因为游泳时把头浸没在游泳池的水中，大量的细菌会涌进你的耳道。耳道内皮肤的任何擦伤，比如耳机或棉签造成的微小划痕，都能让细菌乘虚而入。我曾经治疗过一个病人，他醉酒时的一个行为导致了他外耳道感染，他想知道他能把多少个回形针“塞进耳孔”，醉酒的他将想法付诸了实践，在血流出来之前，他竟然塞了6个。

冲浪者也会遭遇他们自己无法想象的耳朵方面的困扰——“外生骨

疣”（sufer's ear）。冲浪者在冲浪时，耳道经常被冰冷的风与海水冲击。这些寒冷刺激进入耳道激活骨生长，以便保护耳膜并适应冰冷的环境。狭窄的耳道很容易聚集水和杂物，引发感染。因职业原因而引起的耳朵问题还有“耳血肿”（boxer's ear），耳朵布满皱褶的复杂的软骨没有血液供应。软骨是通过皮内的血管来获得滋养的。戳到耳朵会使这些血管破裂，在皮肤下聚集的瘀血将软骨与皮肤分隔开。除非凝结的血液被清除掉，否则下面的软骨会因为缺乏营养而死亡。这种情况也称为“花椰菜耳”，枯萎的软骨还会导致毁容。耳膜后面有一个充满空气的空腔，叫作中耳，豌豆大小，里面有皮肤覆盖，由一连串的骨头构成。中耳是比较独立的，它与外界的唯一联系是通过一根叫作咽鼓管*的管道，从中耳的底壁连接到咽部的后壁。“就在你咽喉的后面”，这是我在医学院读书时最让我感到混乱的知识。是的，中耳分泌的液体从咽鼓管流下来，流到你的喉咙里，就在悬雍垂（嘴后面摇摇晃晃的一个小东西）的上方和后方，然后你把它们吞了下去。看到这里，你是不是很难不去想这个描述？

通常情况下，咽鼓管的壁是塌陷的，这可以防止咽喉内的细菌通过咽鼓管进入中耳。每次你吞咽时，一块小小的肌肉就会收缩，这块肌肉叫作腭帆张肌（来自拉丁语，意为“伸缩”和“上腭的窗纱”）。当肌肉收缩时，它会像窗帘一样拉起你的软腭。这个动作使你的咽鼓管打开，让中耳内的液体流出。

为了能够听到无误的声音，鼓膜两侧的压力必须相同。如果你一边的

---

* 由意大利解剖学家安东尼奥·瓦尔萨尔瓦（Antonio Valsalva）（1666—1723）命名，以纪念巴托洛米奥·尤斯塔奇（Batolomeo Eustachi）（约 1513—1574）——另一位意大利解剖学家，首次描述了咽鼓管。

耳道和另一边的中耳内空气压力不同的话，鼓膜不会正常震动。因此，除了作为中耳的排水管道外，咽鼓管还是一个压力阀。咽鼓管定期开放，使空气在中耳和外部环境之间流通（通过喉咙），平衡中耳内压力。当海拔发生变化时，你所听到的耳朵里“砰”的一声就是中耳压力与周围大气压力相平衡所发出的声音。

假设你乘坐热气球离开了地面，当你上升的时候，周围空气的气压在不断下降。但作为独立的腔室的中耳内的压力，与在地面时的压力大小一样。你的鼓膜会膨胀到低压的耳道中，直到——砰！咽鼓管允许空气从中耳进入喉咙里。压力平衡后，鼓起的鼓膜会恢复成平时那样的平坦，并且会恢复正常的功能。

在咽鼓管开始工作之前，渐渐拉伸的鼓膜会越来越痛。处于上升状态时，为了缓解耳朵不舒服，你可以试着通过打哈欠、反复吞咽、嚼口香糖或吮吸棒棒糖等行为来诱导咽鼓管开放。所有这些动作都会使你的腭帆张肌收缩。通过反复升起“上腭的窗纱”，可以为咽鼓管提供充足的条件来平衡气压。意大利解剖学家安东尼奥·瓦尔萨尔瓦通过解剖尸体和提取他们的体液*，想出了一个以他自己名字命名的打开咽鼓管的方法：首先要闭上嘴，之后捏紧你的鼻子，然后像你给气球吹气一样将气体吹出。你将要吹出的气体挤进咽鼓管，使你的耳朵“砰”一下。如果这些方法都不奏效，那至少，你还可以通过一根棒棒糖来缓解耳朵疼痛。

在飞机上，中耳内压力尚未平衡的小孩子很少可以听话地进行刺激腭

---

* 众所周知，瓦尔萨尔瓦在尸检时还品尝了他提取出来的体液，以便更好地描述它们：“坏疽脓液的味道很不好，一天内大部分时间我的舌头感到阵阵刺痛，这让我很不开心。”

帆张肌的行为或瓦尔萨尔瓦动作。那么在这个情况下，波利策尔动作可能会奏效。这个动作需要一个类似于自行车泵的设备：附着在手持气囊上的一个狭窄的软管。把管子插入幼儿的一个鼻孔里，当他们不哭的时候，挤压气囊，将空气吹到鼻子里。如果时机合适，空气会流进鼻孔，进入他们的喉咙后壁和咽鼓管，当他们吞咽时咽鼓管便自然打开。

作为中耳引流与平衡气压的唯一生命线，一个能工作的咽鼓管对我们来说非常重要。大部分的耳痛都发生于咽鼓管阻塞的时候。

儿童的咽鼓管很小（大多数地区的孩子都是这样），很容易被堵塞，因为它非常狭窄。另一种常见的插管阻滞剂——应用于儿童或成人——会引起喉咙周围的肿胀。这个类型的肿胀可能是由过敏或上呼吸道感染引起的，如感冒。因为孩子们咽鼓管短小，而且好发感冒，因此他们很容易频繁地发生中耳感染。

一旦咽鼓管被堵塞，那么中耳就真正与世隔绝了。脱落的表皮与液体在那里积聚，就像任何停滞在某处的体液一样，很快就会遭受细菌感染。这些细菌不断繁殖，激发体内免疫细胞参与到战斗中，很快中耳内就充满了细菌、组织碎片与脓液（仅仅是一堆死亡的白细胞）。如果没有咽鼓管作为出口，这些黏稠物就无处可去。中耳内压力增加，鼓膜向外伸，最后导致耳痛。

通常你的免疫系统会在几天之内将感染清除。咽鼓管的肿胀稳定下来，重新开放，积聚的脓液流入你的喉咙内，很快疼痛就得到缓解。令人讨厌的感染导致中耳内充满繁殖的细菌，进而使中耳内压力剧增。如果咽鼓管仍然因为肿胀而关闭，那么脓液就会从其他脆弱的地方出去，比如鼓膜。通常这可以很快地缓解疼痛。但是你的听力会由此丧失，直到几周后这块皮肤又重新生长出来（记住鼓膜真的就是皮肤）。

中耳反复发生感染的孩子不仅经常发生耳痛，而且他们在学校的成绩也会落下，因为他们根本听不到老师在说什么，充满脓液的中耳不能很好地传播声音。耳鼻喉科医生（耳鼻喉方面的专家）提出了一个简单实用的解决方法：当咽鼓管不工作时，制造一个备用的引流路线。操作流程非常简单，大夫在鼓膜中插入一个叫作垫环的小塑料管，当咽鼓管堵塞时，中耳内的液体可以通过这个垫环流出，不必非得走堵塞的咽鼓管。一年左右，垫环会无痛苦无损伤地掉落在孩子的枕头上，通过形成一个可靠的“排水管”，为孩子咽鼓管的恢复争取时间。

垫环不只用于鼓膜，这个词仅仅是某些材料中保留一个孔洞的环的通称。鞋子上的鞋带也是垫环。窗帘上也有垫环，当窗帘上的孔眼滑过窗帘杆时，上面的垫环可以防止窗帘上的孔磨损。还有电工将精细的电缆穿过金属板上的橡胶垫环。格罗米特（Gromit），黏土系列动画短片《超级无敌掌门狗》中的那只狗，其名字就是由“垫环”而得来的。该系列动画短片的创始人尼克·帕克（Nick Park）有一个电工哥哥，他经常讨论这些垫环。尼克认为“grommet”（垫环）是一个动画宠物的好名字，但他并没有仔细检查拼写，于是黏土犬格罗米特诞生了（它原本是一只猫，但尼克觉得塑造狗的形象更容易）。

作为一只耳朵松软的驯养小猎犬，格罗米特很容易发生导致耳朵疼痛的耳部感染。毛茸茸的皮肤构成的屏障覆盖在耳道上，将其变成一个绝缘的角落，这为细菌的繁殖提供了理想的条件。松软的耳朵也是声波到达鼓膜的屏障。这两种情况都不会给运动时会直立耳朵的狗带来麻烦：尖耳朵可以促进耳道通风，让声波更有效地进入耳道当中。从进化的角度来讲，耳朵下垂并不是一件好事。就像许多可怕的想法一样，多管闲事的人类才是罪魁祸首。

当动物被驯化后，它们会获得某些特征，比如耳朵下垂。查尔斯·达尔文在1859年出版的著作《物种起源》中，第一章驯化下的变异描述了下面这样的现象：

> *在某些国家，没有一只家畜的耳朵不会下垂。一些人认为，耳朵下垂是由于耳内的肌肉不经常使用，因为家养动物对危险不再具有很高的警觉性，这似乎有道理。*[1]

虽然达尔文观察到的现象十分显著，但他却并不支持耳朵下垂是因为不经常使用它而导致的这一假设。

一个世纪后的1959年，俄罗斯科学家迪米特里·贝利亚耶夫（Dmitry Belyaev）进行了一项驯化银狐的实验。与达尔文一样，贝利亚耶夫也注意到被驯服的动物耳朵很松软。但是他注意到这些被驯服的动物还有其他的特征，比如脸一般比较小，身上的毛皮有很多斑点。他怀疑这些特征在某种程度上与温驯有关系。从一群野生狐狸开始，贝利亚耶夫会从每一代的后代中亲自挑选最温和的10%的狐狸再繁殖下一代。仅仅过了6代，贝利亚耶夫就培育出了这样一些狐狸，当实验者接近它们时，它们会摇尾巴，舔人的手，甚至人可以把它们抱起来，当人离开时它们会哭泣。但是这些被驯服的狐狸不仅仅是行为上相似，尽管有选择性地繁殖狐狸，仅仅是基于它们的性格。更温驯的狐狸牙齿更小，颅骨和下颌骨萎缩，还有白色的皮毛。10代之后，第一只耳朵松软的狐狸Mechta（俄语中是

“梦”的意思）诞生了。

事实证明，人类无法违背解剖学的基本原理。处于胚胎阶段时，所有的脊椎动物（有脊椎的动物）在发育中的脊椎周围都有一簇细胞，叫神经嵴。随着胚胎的发育，这些神经嵴细胞会迁移形成多种结构：耳软骨、色素细胞、颅骨、牙齿，比较重要的是肾上腺。肾上腺对于协调战斗与逃跑应激反应至关重要，这些反应促使野生动物攻击或逃离人类。但是，被驯化的动物，其战斗或逃跑反应大大减弱，它们通常让我们在背囊里背着它们。

通过只让温驯的狐狸进行交配，贝利亚耶夫无意中选择了一只神经嵴发育缺陷进而导致肾上腺发育缺陷的狐狸。数代之后，其后代的肾上腺发育更加不良，对人类的应激反应也越来越小。

这种狐狸的其他特征只是神经嵴发育缺陷的附带损害：脆弱的耳软骨导致耳朵很松软，色素沉着导致白色的皮毛斑点，畸形的头骨意味着它们的下巴、牙齿和大脑更小。每当人类驯养一个物种时，我们对神经嵴缺陷的个体的选择就意味着这些特征总是会出现。只不过碰巧，人类发现松软的耳朵和带斑点的皮毛非常可爱，除非你被它咬了的时候，因为它持续的耳痛让它的脾气非常暴躁。

总结：大多数耳痛发生的原因是中耳的“排水管”——咽鼓管堵塞。与世隔绝的中耳易被感染，细菌和脓液的积聚造成的压力增加会引起疼痛。

知识链接

一个棉签带来的线索

美国人将棉签或者小贴士称为“Q-tips”，这个词语已经是一些品牌的通用名字，如维克罗搭扣、施乐、胡佛等，“Q”代表着“质量”。也许这个设计欠佳的品牌是它们在20世纪20年代初首次亮相的最初的名字“Baby gays”（同性恋宝贝）的倒退。Q-tip网站没有详细地解释这个名字，尽管它确实有助于说明“‘tip’这个词描述的是木棍顶端的棉签”。

将棉签插入耳道会擦伤耳道皮肤，导致耳部感染进而引发耳痛。它也会导致耳垢的嵌塞。但对于2009年的德国当局来说，Q-tips引起的问题更多是头痛，而不是耳痛。

有一名被德国媒体称为“海尔布隆魅影”的犯罪头目，她的犯罪时间跨度为1993—2009年。她的DNA在法国、奥地利和德国的40多个犯罪现场被发现，比如玩具枪、饼干屑和海洛因注射器上。作案手法经常变化。除了6起谋杀案（包括勒死一名退休老人和杀害一名女警察），她还有其他犯罪行为，比如校园盗窃。

监控摄像头无法捕捉到她。即使出现目击者，目击者也说她看起来像个男人。她的同伙被逮捕审讯时，强烈地否认她的存在。警方悬赏30万欧元，但依然无人提供有效帮助。随着已知线索一条条被排除，警察甚至不得不去咨询通灵师。

2009年，警方在确认一具被烧毁的尸体的身份时意外地解开了这个谜团。警方怀疑死者是某个寻求庇护的人，便在他的庇护申请历史资料上擦拭了他的指纹以获得DNA。令人费解的是，他的指纹中竟含有女性的DNA——海尔布隆魅影的DNA。

后来证实，所谓的“海尔布隆魅影”，是巴伐利亚一家棉签工厂一名身份不明的女工。由于棉签上有她的DNA从而误导了警方的信息收集。虽然棉签在使用前已经进行了消毒，但并没有去除掉她的DNA。这一羞辱性的解释导致当地媒体发声讽刺警方。

希波克拉底是怎样治疗耳痛的

希波克拉底（希腊的名医）被西方尊为“医学之父”，他治疗耳痛的方法是对病人说谎：

如果耳朵疼痛，把一些羊毛裹在手指上，倒上一些热油，然后把羊毛放在手上，再放进耳朵里，直到病人认为有什么东西从耳朵里出来了。然后自欺欺人地把它扔进火堆里。[2]

但是这至少比“将狮子的大脑与油混合”，即波斯医生穆罕默德·伊本·扎卡里亚·阿尔拉齐（Muhammad ibn Zakariya alRazi，公元前854—公元前925）提出的治疗耳痛的方法更实用。[3]

参考文献

[1] Darwin, C. On the Origin of Species, p. 11 (1859).

[2] Hippocrates. Epidemics, 6.5, 400 BC.

[3] Muhammad ibn Zakariya al-Razi. The Comprehensive Book on Medicine, c. 925 BC.

听力损失

你说的什么呀?

英国一个小镇的传信员基思·杰克曼（Keith Jackman）被自己所管的那口大钟弄聋了。“25年来，用右手敲钟对我的听力产生了很大的影响，我想这应该是一种职业损伤吧。”2008年，86岁的基思解释说：“大约10年前，我的右耳听力开始退化，因为我用右手敲钟……我左耳的听力还可以，但在过去的几年里，左耳情况也开始变得糟糕，现在我几乎什么也听不见了。”据记载，他敲钟的声响达到了118分贝，就像雷声一样。

敲钟可以发出如此大的力量，所以，伦敦“大本钟”（即伊丽莎白塔上的大钟）在最初测试时出现了难以修复的破裂也就不足为奇了。面红耳赤的工程师们将破碎的钟熔掉后重新在铁砧上铸造出了一个更坚硬的大本钟2.0。1859年7月，16匹配有装饰着丝绸的马镫的白马，拉着马车载着新钟通过威斯敏斯特桥。但9月份的时候，由于钟锤的敲击，钟又破裂了。好在这一次的裂痕不是致命的，裂在了钟盘的边缘。大本钟静默了4年，直到天文学家乔治·埃里爵士（Geoge Ariy）提出了一个三步解决方案：安装一个较轻的钟锤；将钟盘旋转1/4圈，以便钟锤在一个没有裂痕的地方进行敲击；在有裂隙的地方切下一小部分，防止裂痕蔓延。这个方法有很大的成效。

大本钟这个故事里出现了3种金属物品——钟锤、铁砧与马镫——激发了人们对中耳内3块骨头命名的灵感。“钟锤”的把手靠在你的鼓膜上，“马镫”的踏板接触你的内耳，“铁砧”则连接着这两个物件。解剖学家非常喜欢拉丁语，所以这些统称为听小骨的骨头，分别被称为锤骨（malleus）（锤子）、砧骨（incus）（铁砧）和镫骨（stapes）（马镫）。

当身体的某一部分以一个物件作为名字时，有时并没有相似性。例如，气管分叉的地方（气管隆突）拉丁语是“（船的）龙骨”，但是它与船底没有任何相似之处。你的手和脚上有两块骨，分别叫作舟状骨（希腊语意为“船形的”）和舟骨（拉丁语意为“小船”）。这两块小骨在解剖学上的名字很诗意，但它们看起来像铁匠工作车间的物件，并不像它们的名字那样，这两块骨头很小而且轻如羽毛。镫骨是人体内最小的骨头，重量只有6毫克，直径约3毫米。

听小骨的任务是将声波震动由鼓膜传递到内耳。想象一下，某一天中午你站在威斯敏斯特大桥上。叮当作响的大本钟使空气分子发生震动，产生的声波辐射至整个伦敦。一些声波进入耳道，震动耳膜进而引起听小骨的震动。震动通过听小骨传递，进而镫骨底撞击内耳。具体来说，它正好撞击到一个叫作卵圆窗的小洞——耳蜗神奇的入口。

耳蜗是真的很神奇，它将听小骨粗糙的声响转变为神经信号，大脑可以对此进行解读。耳蜗看起来很像一个蜗牛壳，它也因此得此名（耳蜗在拉丁语里就是“蜗牛壳”的意思）。每个耳蜗——每只耳朵里都有一个——是一个长3厘米的管道，盘绕成一个5毫米×9毫米的圆盘形。它里面充满了像水一样的液体。为了防止液体渗出，它的开口处（蜗牛头伸出来的地方）被皮肤——卵圆窗封闭。

当镫骨的踏板与卵圆窗撞击时，会激发起一圈圈涟漪，透过耳蜗，耳蜗的细胞壁上有大约16000个微小的毛细胞。它们实际上不是毛发，但在显微镜下，它们看起来确实很像胡须。耳蜗内激荡产生的液体涟漪使毛细胞弯曲，就像微风中的小麦梗一样。沿着耳蜗的螺旋形结构，毛细胞接受“调节”，以此对不同音调的声音做出不同反应。

声波的波峰与波谷一起传播。高音调的声音以更高的频率传播，也就是说，每秒传播更多的声波（以赫兹为单位，由赫兹测量得到）。音调较低的声音以较低的频率传播。大多数我们日常听到的声音范围从200赫兹（如水龙头滴水）到8000赫兹（如一只鸣叫的鸟）。最靠近卵圆窗的毛细胞被高频声波（高音调声音产生）激发。由低音调声音产生的低频声波，会深入你的耳蜗，刺激最里侧的毛细胞。你的耳蜗可以感知大约10个八度的频率：20～20000赫兹。狗可以感知的频率高达45000赫兹，鼠海豚可接收的最大频率为150000赫兹。[1]

当一个毛细胞弯曲时，它会向你的大脑发送一个电脉冲。在你一只耳朵的上方3厘米处，在头皮和颅骨下面，你就可以找到大脑听觉皮层。另一侧还有一个，用来处理来自另一个耳蜗的脉冲信号。神经核接收弯曲的毛细胞产生的所有电脉冲。就像耳蜗的毛细胞一样，听觉皮层中的神经细胞也是按照它们接收的频率的大小顺序排列的。位于耳蜗螺旋前端（更靠近你的脸）的神经细胞接收到来自耳蜗螺旋深处的毛细胞的输入——那些对低音调声音产生反应的毛细胞。对高音调声音产生反应的前端毛细胞插入听觉皮层的后面，听觉皮质细胞就像钢琴上的键盘一样排列，这有点儿让人难以置信。

脑功能核磁共振成像（fMRI）是一种用来测量大脑活动的成像技术。当大脑某区域活跃时，因为该区域对氧气需求的增加，流向该区域的血液量也会增加。功能核磁共振成像机器检测到这种血流的激增，并将其显示为叠加在下面灰色大脑图像上的彩色闪光。如果对那些被功能核磁共振成像机器扫描的人播放不同的音乐，可以看到他们听觉皮质神经元在显示屏上会根据每个音符的音调而“亮起来”。演奏一个低音，在皮质前面会看到闪光；演奏一个高音，另一个闪光就会在对应区域出现。弹奏一个音阶，就可以看到听觉皮质像键盘上的键一样排列，依次发光。这一切都要归功于你头部两侧有一对充满液体的“蜗牛壳”。很神奇吧！

虽然你的耳蜗很神奇，但声波到达你的耳蜗这一笨拙的过程显然技术含量不高。首先是脆弱的鼓膜。然后是一连串形状怪异的听小骨链，它通过撞击耳蜗的前门卵圆窗与耳蜗交流信息。为什么声波就不能直接震动卵圆窗呢？为什么还得去麻烦鼓膜和听小骨呢？原因是声波的传播需要放大现象。

毛细胞首先出现在鱼类的祖先身上，可以感知它们在水中的运动状况。人类生存早已离开了海洋，但我们的毛细胞仍然只能在水生环境中感知运动，这就需要一个充满液体的耳蜗。这是一个严肃的问题：撞击我们耳朵的声波是通过空气传播的，这些声波只有通过液体传播时我们才能识别。声波穿过液体需要更多的力，因为它比空气密度更大。如果没有声波增大现象，传播的声波就会从卵圆窗被弹回，因为没有足够的力量激荡耳蜗内液体使其产生涟漪。

听小骨通过将鼓膜的震动引导到一个单一的位置——镫骨的踏板——来解决这个问题。鼓膜的面积大约是65平方毫米，大致和吸管口面积一样。但它的表面积仍然是镫骨踏板表面积的20倍。由于所有震动鼓膜的声波力量都集中在1/2大小的区域，听小骨会将传入的声波放大20倍。这类似于用拇指钉聚力：把你的拇指压在墙上，它显然不会穿透墙壁，但将拇指压在钉子上使用同样大小的力，钉尖——力量集中的地方——就会刺穿墙壁。随着听小骨提供额外的力量，声波无损失地从空气传递到耳蜗内的液体。从毛细胞的角度来看，这就好像我们从未离开过海洋一样。

*

导致听力损失主要有两个原因。第一个原因是声波到达耳蜗的通路上发生机械性的阻塞。第二个原因是你的耳蜗不太可靠。让我们从你的耳孔开始，深入地探索一下这个问题。

大约1万名婴儿中就有一名——该情况男孩发生的概率高于女孩——出生时没有耳道，即这条“隧道”没有形成。它通常影响一只耳朵（多是右侧的耳朵，我也不知道为什么）。很明显，如果没有这个通道传导声音，就很难听到声音。公元7世纪，伊吉尼亚的拜占庭外科医生保卢斯（Paulus）首次描述了这种现象，叫作外耳管闭锁（希腊语意为“没有孔”）。保卢斯想出了一个可怕的方法来开辟一个新的耳道。后来，一些外科医生对他的技术进行一些调整，增加了一个令人痛苦的步骤：将炽热的铁探头插入新形成的耳道，以防止它再次闭合。

假设你的两个耳道都正常，耳垢堵塞是声音到达不了鼓膜的主要原因。从专业角度讲，耳垢叫作耵聍，耳垢是上皮细胞分泌的油性物质。它可以起到防水的作用，以及润滑鼓膜保持其柔韧性，并黏附皮肤碎片和耳道微生物。它呈弱酸性，可以进一步增强其抗菌性能。

耳道的皮肤跟你的表皮一样，会不停地脱落替换。当鼓膜产生新的表皮细胞时，它们将脱落的表皮细胞推向耳孔。这种细胞“传送带”以每天大约0.1毫米的速度传送——和指甲生长的速度一样。迁移的表皮细胞慢悠悠地从耳道中不断地拖出耳垢，以保持耳朵自然状态下的清洁。当你说话或咀嚼时，耳垢就会迅速排出。下颌的运动会使耳道扭曲，这样可以清除粘在耳壁上的大块耳垢，以便下次你倾斜头部的时候脱落排出。

人们清除耳垢最常用的方法是用棉签来清洁耳朵。但实际上棉签的每一次进入，是把耳垢推到“传送带”的起始处。用充满水的注射器冲洗耳道可以去除顽固的嵌塞的耳垢。尽管我在诊所当全科医生时经常做这个手术，但我永远也无法准确地用肾形盘接住从患者脖子上流下来的混有耳垢的水。虽然患者的耳垢没清干净，但至少他们能清楚地听到我的道歉。

如果手头没有医用注射器，儿童的玩具水枪也行。在2005年的一份病例报告中，加拿大医生唐纳德·A. 基根（Donald A. Keegan）描述了是如何发现这种不寻常的技术的：

> *一名45岁的男性抱怨说，他住在安大略省一个岛屿的乡间别墅时，他左耳的听力严重下降。他甚至在半夜时都听不到他刚出生的儿子的哭泣声，他的妻子不得不在大半夜起来哄他们的孩子。因此，恢复该男子的听力刻不容缓。*[2]

但是，基根在报告中写道：“岛上既没有正经的耳注射器，也没有任何可替代耳注射器的工具。”

> *在经过患者同意之后（包括考虑了获益与风险），患者换上了泳裤，坐在甲板上的一个舒服的位置，脖子上放着一个特百惠*

容器（产品编号1611-16），而不是一个肾形盘。超级水龙系列Max-D5000（一种高功率的水枪）内装满温水，然后用蓝色的泵轻轻加压。水枪扳机被按下，释放出一股温和的细流……在第二次冲洗的中途，耳垢开始从耳朵内流出。刚开始进行第三次冲洗，一个巨大的耳垢从患者耳朵内流了出来。在场的三代家庭成员轮流来看（有的还被吓到了）这个东西。病人高兴地喊道："我又能听见了！"……我认为仍需要进行前瞻性随机试验来评估超级水龙Max-D5000在临床上的效用。

除了耳垢，声波在到达鼓膜的途中也会被耳道中的异常增生的耳软骨（尤其是冲浪者）、鼓膜破裂或充满液体的中耳所堵塞。

但如果在声波激荡起耳蜗的液体后仍然听不见它，那么你的问题出现在耳蜗。

耳蜗的毛细胞在一生中承受着大量的冲击。想象一下每天毛细胞弯曲的次数吧，更不用说我们听了几十年的音乐、交通噪声、割草机的声音、日常谈话和其他嘈杂声了。

你与生俱来就有大量的毛细胞，你不能长出新的毛细胞，死掉的毛细胞也不会被取代。随着年龄的增长，它们会变得脆弱，对刺激的反应减弱，或产生质量较差的信号供你的大脑破译。衰老不可避免地会因为毛细胞老化而导致某种程度的听力损失，这种情况被称为老年性耳聋（在希腊语中是"老年人的听力"的意思）。在75岁以上的人群中，大约有一半的人患有不同程度的听力损失。

毛细胞对高音调声音的反应（就是位于耳蜗螺旋状体前方的那些）首先会随着年龄的增长而降低。威尔士发明家霍华德·斯泰普顿（Howard

Stapleton）利用这一事实，在2005年发明了“蚊子”——这个让人感到不适的高音调警报器可以发出17400赫兹的声音，这个频率一般来说只有25岁以下的人才能听到。“蚊子”被放置在火车站和商店外，它那刺耳的声音阻止了一些游手好闲的年轻人的不轨行为，但遵纪守法的成年人却没注意到。斯台普顿解释道：“如果你的手指堵住耳朵，那你也没法实施盗窃。”

下面是一个典型的老年性耳聋患者的故事。首先，他坚持认为音调天生较高的女性和儿童“说话不清楚”。另外，像“f”“s”“th”这类的辅音他也感知不到，因为它们比元音的音调更高。这通常表现为“鸡尾酒会效应”（指人的一种听力选择能力）。当耳蜗被环境噪声干扰时，它会依靠辅音等更高音调的声音来集中注意力。我们这个患有老年性耳聋的老先生可能会对“喃喃自语”的服务员感到愤怒，因为他们的发音在其他乘客的喧闹声中听起来是那么的不清楚，如果没有其他噪声的干扰，他会听清服务员的声音。但随着时间的推移以及声音频率的降低，即使在安静的环境中一对一的对话对他来说也开始变得困难。

不幸的是，由于年龄增长引起的听力损失无法预防，但你可以通过保护毛细胞免受噪声的伤害来减缓它们这不可避免的衰退。你在音乐会后患过耳鸣吗？如果患过，那么你的毛细胞已经受到损害了。

巨大的噪声会引起耳蜗内液体的“海啸”，它会使毛细胞直接躺平。通常来说，健康的毛细胞发生的弯曲是短暂的，激荡起一圈圈液体涟漪，向大脑发出信号，然后再次直立，保持静息状态。但是一个崩溃了的毛细胞，因为它永久性地躺平了，会给你的大脑一个持续的脉冲。疑惑的大脑对接收到的信号产生反应，如果脉冲始终未停止，这就意味着噪声也一直没有停止。于是人们可以体验到耳鸣样的嘶嘶声、嗡嗡声甚至鸣叫声。其音调取决于躺平了的毛细胞在耳蜗上的位置。

如果毛细胞没有受到严重的损伤，它就会恢复直立，从而停止发送脉冲信号。但恢复过程并不是完美的，过久的或过大的声音会导致永久性听力损失和耳鸣。

那么，多大声算太大声呢？为了回答这一问题，我们需要温习一些物理学的知识。声音的大小取决于它的“声压级”，用分贝来测量。那么，从本质上来说，由这些声波引起的气压变化是什么呢？“分贝”，即“Decibel”这个词来自“deci”（1/10的意思）以及这个计量单位的创始人亚历山大·格雷厄姆·贝尔（Alexander Graham Bell）的姓氏，这位苏格兰工程师发明了电话。分贝的尺度是对数的：每增加10分贝，就相当于声压级增加10倍。贝尔将0分贝定义为“接近沉默”：人耳所能探测到的最安静的声音。正常呼吸状态下，在10分贝时，产生的声压级是接近沉默时的10倍。

根据这个原理，让我们回到这个问题上来：多大的声音算是过大呢？长时间暴露在85分贝及以上的声音中——典型的割草机产生的声音——会开始损害你的毛细胞。听力损失通常发生在接触100分贝的声音（如手提钻）15分钟以上，接触110分贝的声音（如铆接机产生的噪声）5分钟以上。120分贝以上的声音会让你非常痛苦，就好像电锯锯掉了你的耳朵一样。电锯转动的声音确实是120分贝，这也是为什么园丁工作时佩戴耳罩。除此之外，分贝越大，事情就越糟糕，有可能会发生立即性的或永久性的听力损害。在离你耳朵1米远的地方开枪（140分贝），不仅可以杀死一只鸭子，也可以损害你的毛细胞。由于眼球功能限制，你很难看到呼啸而过的喷气式飞机（150分贝），你也听不到它，因为150分贝时，你的鼓膜就会破裂。理论上最大的声压级是194分贝。在此之上，声波就会变成冲击波，它不再通过空气传播，而是推动空气运动。

好莱坞是噪声引起的听力损失的发源地。布鲁斯·威利斯（Bruce Willis）在1988年拍摄动作片《虎胆龙威》时，左耳蜗内的毛细胞严重损伤。在剧中，他进行反恐行动时，在一张桌子下用贝雷塔92式半自动手枪进行射击。在距离他左耳30厘米的地方（一个有限的空间，且没有听力保护装置）发射了15个声音巨大的子弹，这使他左耳的听力丧失。在此约20年前，也就是1967年，《星际迷航》中的柯克船长和他的助手斯波克［扮演者分别是威廉·夏特纳和伦纳德·尼莫伊（William Shatner and Leonard Nimoy）］在一次现场事故后遭受了由噪声引起的听力损失。在拍摄这一集时，有两位助手站在一大堆炸药前，爆炸引发了出乎意料的后果。

他们来不及脱下拍摄《星际迷航》时的服装就被迅速地送往听力研究专家那里。经过检查，专家们发现两位演员都遭受了听力损失。由于他们在爆炸的不同方向，所以尼莫伊的右耳听力下降，夏特纳的左耳听力下降。

大自然可以发出比好莱坞烟火师所能制造的更大的声音。1883年8月27日，地球发出了有史以来最大的声响。位于雅加达西面160千米处的克拉卡托火山喷发了。我们难以理解这次火山喷发的威力有多么大。但是我们已知的是，爆炸波在全球回响了4次。4800千米外的澳大利亚中部的艾丽斯斯普林斯的居民都听到了巨大的响声。岩浆覆盖了相当于一个法国的面积的土地。1800多千米外的一所监狱发生了骚乱，因为爆炸被误认为是对这里进行的炮弹袭击。在离克拉卡托60千米外的一艘船上，英国船只诺勒姆城堡号的船长记录了当时船上的情况：

爆炸是如此猛烈，以至于一半船员的鼓膜都破裂了。最后关头我特别想和我最亲爱的妻子在一起。我觉得审判的日子已经到来了。

他所谓世界末日的想法是错误的，但是他描述的船员发生鼓膜损伤可能是真实的，因为距离克拉卡托160千米（距离爆炸中心比他的船的位置还要远100千米）的声音分贝记录为172分贝。

避免过大的声音不仅对你的耳朵有益，而且对你的心智也有益处。响度过大的声音对你的精神和心理会造成不良的影响。1970年哥伦比亚《法律评论》刊登的一篇关于噪声污染的文章里曾讲到，长时间暴露在噪声中会使老鼠失去生育能力，性取向改变，甚至会吃掉幼崽。[3] 这种明显的反应在人类身上一般不会发生，但响度过大的声音也会对人类造成极大的折磨。

总结：听力的产生需要声波震动你的鼓膜和听小骨，然后刺激耳蜗中的毛细胞。听力损失可能是由某些声波无法到达耳蜗，或耳蜗的毛细胞被某些因素损害而导致的。

知识链接

唇语能被确切读懂吗？

听力损失晚期的人严重依赖于读其他人的唇语，但其实我们自己也经常这么做。当你跟某人说话时，你会接收到两种同步感觉输入：音频（声波，通过你的耳朵传入）和视觉（光，通过你的眼睛传入）。你的大脑必须协调这两个信号才能理解对方的话。如果两个输入相互矛盾，你的大脑开始发挥创造力。假设一下你坐在电视屏幕前，第一段影像里一个女人在说“Ba Ba Ba”，问你听到了什么，你会说“Ba Ba Ba”；另一个影像里一个女人说“ga ga ga”，但是声音真实的发音被静音了，相反用了“Ba Ba Ba”的配音，如果问你听到了什么，你多半会回答“Da Da Da”。尽管两段影像播放出来的声音是相同的——“Ba Ba Ba”——但是唇语与声音的矛盾会让你的大脑“听到”一个全新的第三种声音。这种现象称为麦格克效应，在1976年由发展心理学家哈里·麦格克（Harry McGurk）撰写的一篇论文《听唇语，看声音》（*Hearing Lips and Seeing Voice*）中被首次描述。[4]

残忍的恶作剧

即使耳蜗与耳道结构和功能完整，也不意味着不会发生耳聋。有少数人两个听觉皮质不幸损伤，通常是由于中风或创伤，这时他们完整的耳蜗仍然会产生脉冲信号，但这些人受损的大脑不能将这些信号转译为声音。但是有一点比较有趣：如果你在他们身后扎破一个气球，他们会吓一跳。虽然他们大脑正常的声音处理系统已经损坏了，但他们的脑干仍然可以对耳蜗感受到的响亮的声音产生反射性“跳跃”。

鲸鱼的耳垢

长须鲸的耳朵上有永久性的耳垢构成的“耳塞”。这些“耳塞”可以改善它们的听力，这听起来有点乱违背常识。由于耳垢和海水的密度相似，人们认为耳垢有助于将声波从水传播到耳内。这个“耳塞”还有另一个用途：它能告诉科学家们一条鲸鱼的年龄。长须鲸经常产生耳垢，耳垢的颜色取决于它们的饮食。浅黄色的耳垢代表含有较高的脂肪含量——这些耳垢是在鲸鱼捕食磷虾后经过几个月的时间沉积下来的。在鲸鱼迁徙期间，因为缺少食物，脂肪含量少的深色耳垢沉积。就像树干年轮一样，你可以数鲸鱼耳垢横截面上的环数以确定它的年龄。2007年，研究人员发现一只死掉的蓝鲸有一个25厘米长、3厘米宽的耳垢，一位科学家将其比作“一根粗糙的蜡烛”。

蓝鲸的迁徙模式决定了它们饮食中脂肪的摄入量——以及耳垢的颜色——每6个月交替一次。研究人员把这些耳垢收集起来，以此推断鲸鱼的年龄，比如24层意味着12岁。但这根令人厌恶的“蜡烛”不仅仅提供的是一只鲸鱼的岁数，还可以提供它生活的历史。对每一层耳垢的化学分析，就像制造了一个存储6个月时间的胶囊，记录了鲸鱼栖息地的污染水平和汞浓度水平。

治疗听力损失的创造性方案

在托马斯·爱迪生12岁时，即在他发明灯泡的前20年，他的听力开始下降。“刚开始是耳痛，”他回忆说，“然后感觉有点儿耳聋，后来耳聋越来越严重，直到在剧院里我仅仅能听到几句话。”[5]爱迪生将他的耳聋归因于他12岁时发生的一件事：

我试图爬进一辆货运火车，我两只胳膊上满是一捆捆沉重的文件，我追着货车跑，抓住了后面的台阶，但是我自己几乎没力气了。一个列车员伸手抓住我的耳朵，把我拉了上去。我感觉耳聋从那时逐渐开始，并一直在发展。[6]

与他所认为的相反，爱迪生听力的丧失可能是由于反复发生的未治疗的中耳感染导致了听小骨的损害。爱迪生认为他的耳聋是一个优势：“这让我避免了很多人的干扰和神经的紧张。”如果他听力没有受损，他可能永远不会发明留声机：

耳聋教会了我不仅仅要依靠自己的听力来判断事情。因此，我创造的录音乐器比人的耳朵更精致，毫无误差地展现了一个歌手或一个声音是否有颤音，或是否有任何错误的音符或声音存在。[7]

作为一名发明家，爱迪生发明了一种新的技术来最大限度地提高他的听力，这就是骨传导的起源。爱迪生的大钢琴和个人留声机上都覆盖着牙痕。通过咬住钢琴或留声机，声音的震动可以通过他的牙齿和颌骨到达他的耳蜗，从而绕过他受损的听小骨。

20世纪20年代出现了一种治疗耳聋的新方法，它比爱迪生想象的任何方法都更有创意——“失聪飞行”。其方法是通过可怕的空中杂技让聋人的耳朵重新开始工作。一些病人主动愿意接受这种治疗方法，另一些人则是因为医生强调高海拔对他们的耳朵有好处而被吸引上了飞机（他们认为，高度突然下降的“意外”因素最大限度地提高了“有益的”耳朵震动）。医生开出了“失聪航班”的处方，并且飞行员非常乐意执行这项任务。1925年，年轻的查尔斯·林德伯格（Charles Lindbergh），虽然尚未执行过他的单人跨大西洋飞行，但将“失聪航班”列入他的服务中。但是我只能说，由高海拔或其他原因引起的强烈恐惧，并不能治愈耳聋。即便如此，直到20世纪20年代末，还有关于这种奇迹疗法的传闻，尽管在这期间有几人死于特技飞行失误。直到1930年，《美国医学会杂志》上发表的一篇文章嘲笑了失聪航班“通常无效，还通常致命”之后，再没有什么能证明这种疗法是合理的了。

再来一次

在英语中，有一个指误听的内容的单词叫作mondegreen。作家西尔维娅·赖特（Sylvia Wright）创造了这个词，她童年时误听了一首苏格兰民谣中的歌词："and laid him on the green"听成了"and Lady Mondegreen"。这样的误听在邦乔维乐队的歌曲歌词中出现过："There's a bad moon on the rise"被误听为"bathroom on the right"。

20世纪60年代，联邦调查局调查了摇滚乐队金斯曼乐队演唱的《路易，路易》中所谓的"淫秽歌词"。真正的歌词是："啊，在那艘船上，我梦见她在那里；我闻到了玫瑰花的花香，在她的秀发中。"但是人们听到的歌词像是非常露骨的语言，尽管联邦调查局集结了一些专家，花了大量时间反复听，最后还是一无所获，无法确定这段录音中的歌词是否涉及淫秽内容。他们是对的，因为录音糟糕透了，最终发行的是这个乐队一次排练的录像。

主唱杰克·伊利（Jack Ely）的发音受到了牙套的阻碍，他不得不对着固定在屋顶中央的麦克风大声地喊，所以录音效果很不好，无法听清内容。我建议特工们调查时最好还是戴上护耳装置。

参考文献

[1] Fay, R. R. Hearing in Vertebrates: a PsychopHysics Databook. Hill-Fay Associates, Winnetka IL. (1988).

[2] Keegan D. A. & Bannister S. L. A novel method for the removal of ear cerumen. Canadian Medical Association Journal, 173 (12), 1496 - 1497 (2005).

[3] Hilderbrand, J. Noise Pollution: An Introduction To The Problem And An Outline For Future Legal Research. Columbia Law Review, 70, 652 (1970).

[4] McGurk, H. & Macdonald, J. Hearing lips and seeing voices. Nature, 264 (5588), 746 - 748 (1976).

[5] Markel, H. Literatim: Essays at the Intersections of Medicine and Culture. Oxford University Press (2019).

[6] Plunkett M. J. Edison: A BiograpHy. Lake Press (2019).

[7] Samuels, D. W. Edison’ s Ghost. Music & Politics, 10 (2) (2016).

流鼻血

不停地流鼻涕很令人难受，
如果流的是血那就更不用说了。

野战的外科医生并没有治疗过太多流鼻血病例。一般来说，他们的时间都花在了更紧急的病情处置上，比如从伤口中取出爆炸弹片的碎片或重新连接断裂的四肢。如果一个士兵因为流鼻血这样的症状向医生寻求帮助，他们可能会被嘲笑以至于羞愧地跑出医疗帐篷。但在1800年7月，二等兵威廉・斯坦尼恩（William Stannion）出现了流鼻血的症状，甚至野战外科医生约翰・亨宁（John Hennen）也对这件事有着很深的印象。在发现了导致斯坦尼恩这一状况的“唯一原因”后，亨宁感到有必要发表一份病例报告，题目为《亨宁先生大量鼻出血案例》。

威廉・斯坦尼恩是该团的一名二等兵，25岁，1800年7月被扣押，此时他出现了前额剧烈疼痛的症状……但并不是持续的，通常是在晚上发作，持续3～4小时，伴随着鼻子大量出血。[1]

亨宁试图用棉布填充斯坦尼恩的右鼻孔，但血液依然“非常暴力”地流出（“暴力”似乎是亨宁常用的形容词）。其他减少“头部血管充血”

的措施，比如把头浸在冷水里及待在阴凉处，也同样无效。在4天的间歇性鼻出血后，亨宁决定向斯坦尼恩的鼻子里喷一些冷水：

> *使用了几分钟之后，斯坦尼恩感觉到鼻腔里有东西在快速移动，这引起了剧烈的疼痛，不一会儿，一个像血块似的东西流了出来。他长舒一口气，终于从剧烈的痛苦中解放出来，大约1小时过后鼻子出血就完全停止了。与此同时，我忙于检查从他鼻腔里所排出的东西到底是什么。使我吃惊的是，我发现那是一只水蛭，被凝固的血液包裹着，常规大小，但是行为很活跃。我把血块冲了下来，将水蛭放在一个医护人员的手上，它非常轻松地紧紧附着在那里。*

水蛭的来源让亨宁很困惑，因为斯坦尼恩的营房距离任何“淡水、湖泊或小溪”等自然水源都超过15千米。但不管怎样，斯坦尼恩迅速地恢复了，并且之后他的健康状况一直很好。

鼻出血（Epistaxis），亨宁病例报告的标题中使用的是这个词，是流鼻血的医学术语，来自希腊语的epi（上方）和stazein（滴落）。但你知道，如果发生了鼻出血，血液往往是接连流下而不是像水滴一样滴下——而且一般情况下并不是因为鼻子里有吸血的寄生虫。

*

鼻子主要有两个功能：闻气味，呼吸空气。假设你的鼻腔内没有水蛭阻塞，吸入的空气将通过鼻孔并从头部向下进入气管中。在胸骨的后面，大约水平于腋窝的位置，你的主气管分成左右两根支气管，每个肺里各有一个。在每一个肺内，支气管又不断分叉，先是2个，再分成4个（关于分叉的细节就不再描述了，平均每个肺里有23个支气管分叉），最后形成一个由越来越窄的各级支气管组成的复杂的支气管树。最末端的支气管直径不到1毫米，向外膨大，形成一个葡萄状的小气囊，称为肺泡。在1立方毫米的肺组织中，大约有170个肺泡。它们的细胞壁不厚，薄到足以让气体在它们之间移动。

用鼻子呼吸时，空气进入肺里的支气管树，并进入肺泡当中，肺泡表面覆盖一层液体，你呼吸的氧气在通过肺泡壁时溶解在这种液体中。它直接进入像常春藤一样夹杂在肺泡外的血管中，血管中流动的红细胞吸收了氧分子。在红细胞内，氧气搭载在血红蛋白分子的亚铁离子上，运输到身体各处。恭喜你，你刚刚给血液加氧了。下一步就把循环后的气体呼出来吧。

在接下来的24小时内，你的鼻子将呼吸19999次。要么你的鼻子这么做，要么就是你的嘴。人类可以选择鼻呼吸或口呼吸，因为这两个通道都直接到达我们的气管。如果你感冒了，或者在锻炼时需要快速吸入大量的空气，用嘴呼吸是很有用的。但用嘴呼吸还有一个缺点，就是嘴与气管相连，如果吞咽食物时出现错误，我们很容易窒息。人类通过进化产生了一个类似活板门的组织，很大程度上避免了上述错误的发生。你的声带附近，气管的顶部，有一个叫作会厌的结构。现在，你的会厌是直立状态的，使气管开放，让空气（通过鼻子或嘴）进入肺部。当你吞咽时，你的会厌会瞬间变为横置状态，以遮盖住气管，将唾液和食物送到食道内。吞咽完成后，它会向上翻转恢复到直立状态。如果活板门系统出现故障，食物意外地落入了气管，你也可以依靠咳嗽来排出误入的食物。

有些物种没法用嘴呼吸，专用鼻子来呼吸，这些物种包括马、兔子、老鼠等啮齿动物以及骆驼、美洲驼和羊驼。如果你观看赛马比赛，当马跑过终点线，注意它们的鼻孔，会疯狂地吸空气，但嘴巴却是闭上的。与人类短跑运动员不同，用嘴喘息并不是马的选择（因此它们的鼻孔大得惊人）。

尽管看起来像是存在一些生理障碍，但只用鼻子呼吸是物种对环境的一种适应。由于所有的空气都必须通过它们的鼻子，所以捕食者身上的微弱气味很容易被它们察觉。也正是它们会厌的位置使得它们无法通过嘴来呼吸。在休息时，你的会厌呈直立状态，它不会遮盖任何部位。然而，一只兔子的会厌却靠在舌头的后面，把兔子的嘴与下面的气管和食道都隔开了。吞咽后，它的会厌暂时打开，让吃的蒲公英进入食道当中，然后会厌回到静息状态下的位置，遮盖住嘴。用嘴呼吸的空气是无法到达兔子的气管的。但是从有益方面来说，如果有一只狐狸潜伏在附近，兔子不断抽吸的鼻子会有利于捕捉到狐狸的气味。

对于那些能做到这一点的动物来说，用嘴呼吸只是鼻子堵塞后的第二种选择。只用口腔呼吸在自然界中是不存在的。事实上，当你出生的时候，你跟马一样只用鼻子呼吸，这是一种与生俱来的能力。口腔呼吸在人四个月大的时候才开始出现，作为应对鼻子堵塞的方法。在那个年龄之前，鼻子堵塞的婴儿一般都会出现呼吸困难的情况。1985年一项比较残酷的研究表明，新生儿在迫不得已的情况下可能会提前开始用口腔呼吸。[2]研究人员不知道以何种方式说服了19位母亲将她们年龄在1～230天的婴儿送来进行实验。一名研究人员堵住了婴儿的鼻孔，另一位研究人员开始计时。所有婴儿都张开了嘴进行呼吸。但仅仅经历了32秒的挣扎，婴儿就出现了明显的氧饱和度下降。

鼻呼吸相较口腔呼吸有几个优势。鼻孔不仅仅是一个可容空气通过的孔道，并且里面覆盖黏液的鼻毛可以捕获吸入的微生物和灰尘颗粒，保持你的肺部清洁以及保护其免受微生物感染。通过鼻孔吸入气味也可以提醒你注意一些危险情况（如气体泄漏），甚至会影响社会行为（比如阻止一个男人向口臭的埃德娜求婚）。

也许最重要的是，鼻部呼吸会润湿你吸进的空气。湿度是指空气中的水蒸气的含量。房间空气的湿度约为50%，当它通过你温暖、潮湿的鼻孔时，已经达到了85%的湿度。空气从喉咙后部再吸收一部分水分，在进入肺部的时候就达到完全饱和（100%的湿度）。这是至关重要的，因为你的肺必须保持湿润。记住：氧气必须溶解在肺泡壁的液体中才能穿过肺泡壁进入血液，氧气不能穿过干燥的肺泡壁。

詹姆斯·帕特森·卡塞尔斯博士（Dr.James Patterson Cassells）在1877年发表了一篇内容让人惊讶的文章《闭上嘴，拯救你的生命》（*Shut your Mouth and Save your Life*）。文章中说，用口腔呼吸有着“邪恶的后果”和“不可估量的危险”。[3]他预言未来“头脑反应迟钝、形态差、发育不完善、用嘴呼吸的生物会占据一个省甚至一个国家”。

卡塞尔斯有些夸张了，但他说口腔并不是为加湿空气而设计的，这是正确的，它无法与你鼻子里厚厚的黏液相媲美。通过口腔的干空气会迅速地使你的唾液蒸发。干燥的嘴巴不仅容易产生口臭，而且正如卡塞尔斯指出的那样：“呼吸最终会让人讨厌，甚至可能变得疼痛。”而且，更重要的是，那些“通过充满细菌的嘴巴呼吸空气”的人没有经过鼻腔的过滤，这让微生物和灰尘直接进入他们的肺部。

鼻子的内表面积很大，这使它成为一个特别有效的加湿器。尽管没法伸入一整根手指，但是你的鼻腔却一直延伸到眉毛之间。将一根手指插入到一个鼻孔里，你会触碰到一个大约2厘米高的障碍物。这是下鼻甲，突出到鼻腔的3个鼻甲当中最低的一个。鼻甲增加了每个鼻孔内的表面积，最大限度地增加接触的空气的量。鼻中隔——一个软骨，将鼻腔分成两半，形成两个鼻孔，提供了更加湿润的空间。从鼻孔向内，其总面积是160平方厘米，相当于3张扑克牌的大小。

有4个充满空气的骨腔，称为鼻窦，从鼻腔中延伸出来。它们确切的生物学作用还存在争议，但已经有人提出了一些观点。鼻窦内空气流通缓慢，可能作为一个温暖的储存间，帮助鼻子加湿空气。鼻窦可以减轻颅骨与颈部的负荷。鼻窦还会促进声音的共鸣，如果你撞到了一些坚硬的东西，它们可以起到缓冲作用。尽管它们的功能可能存在争议，但毫无争议的是，鼻窦阻塞和感染会引起严重的面部疼痛。

鼻子湿化空气的功能依赖于湿而热的鼻孔，黏黏的容易补充的黏液提供了水分，热量则是从鼻中隔两侧的动脉中辐射出来。事实上，每一侧有5条动脉。从这个角度来看，你的胆囊从一条动脉接收血液，心脏从两条动脉接收血液，大脑从4条动脉接收血液，而鼻中隔的每一侧就有5条动脉。但是这5条动脉都很浅，几乎没有黏膜覆盖。因为它们位置浅，所以可以最大限度地将热量辐射到鼻孔里。但是这也非常容易使它们受伤破裂并发生出血。

在鼻中隔的两侧有5条动脉交会的地方，叫作李特尔氏区。90%的流鼻血都是发生在这里。纽约的外科医生詹姆斯·劳伦斯·李特尔（James Lawrence Little）在1879年发表的一系列病例报告中首次描述了这个危险的区域。[4]用一个手指捂住你的一个鼻孔，另一个手指向内深入2厘米触摸鼻中隔，这里便是李特尔氏区。你的另一个鼻孔上也有这么一个小区域。这5条动脉不仅仅通过李特尔氏区，它们也在一个区域互相连接形成交织的静脉网，我们称之为克氏静脉丛。这个术语源于德国耳鼻喉科医生威廉·基塞尔巴（Wilhelm Kiesselbach），他在李特尔发表文章5年后发表了第二篇关于易发鼻出血的热点区域的论文。由于动脉都是相连的，如果一条动脉开始出血，那么其他4条动脉的血液也会流出。因此，鼻出血一般是喷出而不是滴出。

鼻出血在冬季比较高发，冬季低湿度的空气使鼻孔变干，于是它们容易破裂和出血。如果你的凝血功能不是很正常（例如服用抗凝药物或患有某些出血性疾病），或者你有高血压（在这种情况下，你的血管就像是消防水管一样，而不是灌溉花园用的水管了），那么发生流鼻血的风险更高。

流鼻血的主要原因是创伤。一拳打在脸上可能就会流鼻血，但通常创伤是自己造成的，比如挖鼻孔。指甲一般来说比较锋利，而覆盖在克氏静脉丛的黏膜很薄。即便是《辛普森一家》中出了名愚蠢的拉尔夫·威金斯（RalpH Wiggins）也能理解这个概念：“医生说，如果我把手指放在鼻孔外面，我就不会那么多次地流鼻血了。”蹒跚学步的孩子用自己的手指、姐姐的手指、牙刷或芭比娃娃的腿捅鼻子（这都是我遇到过的真实的病例）肯定会损伤克氏静脉丛。很少一部分成年人在感冒时也会因为频繁地擤鼻涕引起组织之间的摩擦而导致流鼻血的发生。不可思议的是，80%～90%的流鼻血是突然发生的，而且总是不合时宜（尽管很难确定流鼻血的合适时机）。

*

“向前倾……不，向后仰！捏住鼻尖，或是捏住鼻梁？向上推上唇！”没事儿的情况下，其他人不请自来提出的建议通常让人厌烦，更不用说当你在公共场所流鼻血不止的时候。让我来说明一下：如果你流鼻血了，请忽略附近的好心人的建议，做以下事情：

首先，向前倾，这么做会保护你的衣服。这样还能阻止血液流进你的喉咙，否则你可能会窒息或把血液吞咽下去。当你吞咽血液后，你的消化道可能会出现呕吐，最好还是不要让自己这样难受。现在，捏住两个鼻孔，使其紧贴着鼻中隔，这样可以阻止血液从李特尔氏区的克氏静脉丛流出。你知道李特尔氏区在哪里，因为前面我教了找到它的方法，夹住那里，位置不要太高。可别在眼睛之间的鼻骨处捏你的鼻子，这样容易把你的鼻骨压扁，如果鼻骨骨折只会出更多的血罢了。如果你能弄到一个冰袋最好了，把它放在鼻梁上。像所有的液体一样，低温下血液流动得更慢。

不断地捏捏鼻子加上冰敷，持续10分钟左右，是的，10分钟，这确保了你的血液有足够的时间凝固来阻止进一步的流动。不要就捏30秒，然后松开来检查你是否还在流血。如果你这么做，刚形成的血凝块就会溅到地板上。

如果采取了这些措施还不能止血，赶紧叫辆救护车。不是很常见的一种流鼻血发生于鼻后的动脉破裂，而不是浅层的克氏静脉丛。如果是动脉破裂出血，那么捏鼻子就没什么用了。鼻后动脉的位置远远超出了你所能触碰到的范围。你需要一位医生，医生最好是用一个末端带一个气囊的物件，将其插入鼻孔并给它充气，这样可以提供压住血管的压力。其他的紧急止血技术包括用卫生棉条塞进鼻孔，或者把你推到手术室里用电刀灼烧止血。

如果你知道向前倾和挤压，大多数的鼻出血也没什么大不了的。但如果这不起作用，而且急诊医生也被难住了，或许就要检查一下里面是否有水蛭了。

总结：鼻中隔两侧都有浅动脉，用来加湿加热吸入的空气。如果它们开始流血，向前倾，紧紧地捏住你的鼻孔10分钟。别再没事就挖鼻孔了。

知识链接

不要小瞧可卡因的风险

可卡因会导致血管收缩。在医院里，可以将浸渍可卡因的纱布压在克氏静脉丛上，收缩动脉并抑制鼻血不停地流。经常吸食可卡因会导致克氏静脉丛的萎缩。但有一点是有益处的，你发生鼻出血的风险更低了。但一个显著的缺点是，你的鼻中隔会被可卡因侵蚀。

鼻中隔是一块软骨，里面没有血管。它是通过血管扩散而来的氧气与营养物质来维持的。如果这些血管比较干燥，鼻中隔软骨将死于缺血（由于缺氧所引起的组织死亡）。随着鼻中隔被侵蚀，最终形成一个个小的穿孔。

阿提拉的故事

阿提拉（Atilla）是古代亚欧大陆匈人的领袖和帝王。在阿提拉的指挥下，匈人占领了整个欧洲，匈人帝国的版图到了极盛地步，阿提拉也被欧洲人称为“上帝之鞭”。

阿提拉没有在征战中死去，却死于流鼻血。

在他死的前一天晚上，他娶了伊尔迪科（Ildico），他众多妻子中的最后一位。他疯狂地吃喝玩乐。第二天早上，阿提拉并没有从他的卧室里出来，警卫紧张地敲着他的门，却没有应答，当他们破门而入时，发现阿提拉躺在床上，伊尔迪科在他身边伤心地哭泣着。凝固了的血液在阿提拉的鼻子和嘴唇周围形成了血垢。不可战胜的阿提拉流了一晚上鼻血，但却并不是死于失血过多，他是被鲜血堵塞呼吸道窒息而死。哥特历史学家约旦（Jordanes）在公元551年对这件事的描述是：

阿提拉在婚礼上陷入了极度的欢乐，当他躺下后，酒精带来深度睡眠，大量的血液就从他的鼻子流出，流到他的喉咙，杀死了他，因为血液阻碍了正常呼吸的通道。[6]

参考文献

[1] Hennen, J. Mr. Hennen’s Case of Profuse Epistaxis. Medical PHysiology Journal, 11 (64), 549-550 (1804).

[2] Rodenstein, D. et al. Infants are not obligatory nasal breathers. American Review of Respiratory Diseases, 131 (3), 343-7 (1985).

[3] Cassells, J. P. ‘Shut Your Mouth and Save Your Life’: Being Remarks on Mouth-Breathing, and Some of Its Consequences, Especially to the Apparatus

of Hearing: A Contribution to the Ætiology of Ear–Disease. Edinburgh Medical Journal, 22 (8), 728–741 (1877).

[4] Little, J. A Hitherto Undescribed Lesion as a Cause of Epistaxis. Hospital Gazette, 6, 5–6 (1879).

[5] Kiesselbach, W. Über spontane Nasenblutungen. Wiener klinische Wochenschrift, 21, 375 - 377 (1884).

[6] Jordanes. The origin and deeds of the Goths. Translated by Mierow, C. C. CreateSpace Independent Publishing Platform (2011).

口腔与咽喉

口臭

如果与人交流时别人经常躲开或送你薄荷糖，那么，这一章你要好好看看了。

李施德林漱口水起初是作为地板清洁剂、须后水、除臭剂和淋病治疗药物来用的。他们非常大胆地声称将几种精油溶解在酒精中制成了这种漱口水。李施德林可能会清新你的口气，但它不太出彩的销售记录也颇被人诟病。

李施德林这个商标名是对英国外科医生约瑟夫·李斯特（Joseph Lister）（1827—1912）的致敬，他是术前消毒的开创者。在李斯特的时代，接受大手术的患者当中一大半因术后感染死亡。外科医生将感染归咎于被称为瘴气的有毒气体（来自希腊语的“污染”）。“预防感染”的方法就是单纯打开病房的窗户，让清新的空气吹进来。

但是到了19世纪60年代，一场变革开始悄悄发生。法国化学家路易斯·巴斯德（Louis Pasteur）进行了大量足以记入史册的研究，最终得出了微生物理论：感染细菌和病毒等微生物可能会导致疾病。1865年，李斯特在阅读巴斯德的一篇论文时产生了一个想法。也许可以通过在患者的皮肤上涂抹一种可以杀死这些细菌的新奇物质来防止感染。我们现在称这些杀菌物质为防腐剂，来自希腊语的antiseptikos（意为“对抗腐败”）。

常见的防腐剂是高浓度酒精（如现在经常使用的手消毒凝胶，或者是那些在注射前用来擦拭皮肤的湿棉球）和碘液（例如，棕色的喉咙痛漱口水或外科医生手术之前在切口皮肤表面喷洒的液体）。李斯特根据他读过的一篇文章猜测，石碳酸——一种煤焦油衍生物，又叫作苯酚——可能是一种有效的防腐剂：

> *石碳酸对卡莱尔镇的污水所产生的显著影响使我非常震惊，一部分混合液体不仅阻止了用这污水灌溉的土地产生异味，还防止了以这片土地上的植被为食的牛发生感染。*[1]

如果石碳酸能除去富含细菌的污水的臭味，还能杀死奶牛体内的寄生虫，或许，也能杀灭人类皮肤上的微生物？

李斯特没过多久就验证了他的理论。1865年8月12日，一个名叫詹姆斯·格林利斯（James Greenlees）的11岁男孩因腿部严重受伤而被紧急送往格拉斯哥皇家医院。一辆马车碾压过他的左腿，一根折断的骨头刺穿了他的皮肤。李斯特成功地重新调整了骨头末端的位置，但并没有截肢——这是当时治疗如此严重创伤最常见的治疗方法——但是开放伤口肯定会引起感染。由于没有什么可再失去的了（除了男孩的腿），李斯特用浸有石碳酸的手术包扎剂给詹姆斯填充了伤口。4天后，李斯特小心翼翼地取出了敷料，结果发现男孩竟然没有发生感染。李斯特兴奋地加入了更多的石碳酸浸泡过的敷料。经过6周的治疗，格林利斯的胫骨长合了，而且完全没有感染。李斯特的发现发表在1867年的《柳叶刀》上，彻底改变了外科学的历史。[1] 防腐剂的使用后来成了手术室的常规操作。用石碳酸冲洗外科医生的手、器械、手术台和病人的手术区域，患者术后的感染率直线下降。今天，李斯特被广泛认为是外科学最大的贡献者。

李斯特的发现启发了大西洋彼岸密苏里州的化学家约瑟夫·劳伦斯（Joseph Lawernce），他发明了一种新型防腐剂。1879年，劳伦斯最终研发出了李施德林的配方，是将从百里香、桉树、鹿蹄草和薄荷中提取的精油混合并加入乙醇而制成的。值得注意的是，是精油赋予了李施德林防腐作用，而不是乙醇。酒精至少需要浓缩到60%的浓度才能具有防腐性能。混合物中的乙醇仅有25%的浓度，不足以杀死微生物，它只是用来溶解精油的。相较于仅用于手术室，劳伦斯对李施德林有着更大的期许。为了保密，劳伦斯于1881年将李施德林的配方给了当地的一位药剂师乔丹·兰伯特（Jordan Lanbert）。起初，它由兰伯特药物公司作为一款神奇的液体进行销售，治疗从头皮屑到痢疾的任何疾病。但直到1914年，稀释版的李施德林才成为美国第一个治疗口臭的非处方类漱口水。

最开始的销售情况不是很乐观。虽然很多人确实存在口臭，但是人们往往对它避而不谈。如果李施德林因作为一款漱口水成功，那么消费者肯定就会把口臭看作一种严重的情况甚至是疾病。一个模糊的形容口臭的医学术语已经存在了："halitosis"（口臭），来自拉丁语"halitus"（呼吸）和希腊语的"nosis"（疾病）。内科医生约瑟夫·威廉·豪（Joseph William Howe）在他1874年出版的《呼吸与散发出恶臭的疾病》（*The breath and the diseases which give it a fetid odor*）一书中创造了这个词，但这个词并没有真正流行起来。在一次商务会议上，李施德林公司的化学家向杰拉德·兰伯特（Gerald Lanbert）——乔丹·兰伯特的儿子——提到了口臭，他当时经营着兰伯特药物公司。杰拉德·兰伯特当时这么说：

当【药剂师】走进房间时，我问他李施德林是否能治疗口臭。他让我等了一会儿，然后拿了一本大剪报回来了。他坐在一张椅子上，我站在他身后看着他。他翻了翻那本大书。“在这，杰拉德，《柳叶刀》上记载的口臭病例里这么说的……”我打断了他，“什么是口臭（halitosis）？”“哦，”他说，“这是对口臭的专业性表述（指‘halitosis’）。”【化学家】永远不知道什么东西可以让他灵光一闪。我把那位可怜的老伙计赶出了房间，“那里，”我说，“有什么东西可以让我们致敬一下？”[2]

口臭正是李施德林开拓市场的一种委婉说法。提起它来很尴尬，但口臭在医学领域有学术光环。这款漱口水不仅仅是一种美化呼吸的清新剂，而且是治疗口臭的药物。

该公司的广告宣传语将口臭引入了公众的意识当中。口臭被描绘成一种没有确定的流行病，是你获得成功、财富、梦想和爱的无声的障碍。李施德林的广告很无耻：“你因口臭不受自己的孩子喜欢吗？”“他们会在背后谈论你的口臭！”“让潮水把有口臭的她带走吧……我不会的！”（一个男人在海滩上看着他的女同伴在海里划船时说）最直接的是：“口臭让你不受欢迎。”

1923年，李施德林开展了一项饱受诟病的“经常做伴娘，但从不做新娘”的活动。广告上有一个名叫埃德娜（Edna）的孤独的女人，她不知道自己的口臭阻止了她找到真爱。李施德林刊登了整页广告，一张伴娘在哭泣的图片，并配文如下：

埃德娜的案例真的很可怜。和每个女人一样，她的梦想是结

婚。她身边的大多数女孩都已经结婚了，或者说即将结婚了。但是，没有一个女孩比她更优雅、更有魅力或更可爱。

随着她逐渐接近30岁，婚姻似乎比以往任何时候都更远离她的生活。

她经常去给别人当伴娘，但是她从来没做过新娘。

这就是隐匿存在的口臭导致的结果。你很难知道自己什么时候患上了它，甚至连你最亲密的朋友也不会告诉你。

由于大肆宣扬可以治疗口臭症（是的，这是一个医学术语），李施德林在美国的收入从1922年的11.5万美元飙升到1929年的800多万美元。[3]

为了效仿李施德林的成就，一些公司也试图从医学角度宣传他们的产品可以治愈某些症状（例如，脚臭病或家居用品散发不良味道）。还有一些公司竟然创造疾病名称来提高他们的产品销量（比如“办公室臀”“度假膝”“汤匙脸”）。[4] 利用人们对医疗健康问题的恐慌而打的广告在20世纪30年代急剧增加：“糟糕的卫生纸会导致手术吗？”（斯科特纸业公司，1931年）；“除非用嚼口香糖的方式锻炼，否则你的下巴可能会萎缩。”（Dentyne，1934）；“质量差的绷带会导致截肢吗？”（强生公司，1936年）。[5]

对这些厚颜无耻的广告的强烈打击使得这些骇人听闻的广告逐渐减少。如今，李施德林只是作为一种漱口水出售：“杀死会导致口臭的细菌。”不要用它作为生发剂，也不要用它清洁地板，当然更不要用它冲洗淋病感染的生殖器。

*

与19世纪那些牙科杂志的理论相反，口臭并不是由于“缺乏锻炼、过度担忧和精神紧张”或“太多的感官享受”造成的。不过，口腔细菌是导致口臭的重要因素。

人的口腔里富含细菌。舌沟为菌落的定居提供了隐蔽的场所。32颗牙齿之间的空间也为细菌提供了舒适的住所。细菌以卡在牙齿缝之间或黏附在舌头后面的食物残渣为食，并可以吸收唾液。

就像所有的生物一样，细菌需要能量才能生存。人类制造能量的化学反应依赖于氧气，这就是我们为什么需要呼吸。其他那些厌氧生物，比如引起口臭的细菌，通过不依靠氧气的化学反应产生能量。发酵就是这样一种厌氧反应。我们感谢酿造公司给我们提供了啤酒、面包、奶酪和葡萄酒等食品。但发酵并不总是对我们有益的。气性坏疽是伤口感染厌氧菌并发酵的结果，通常是产气荚膜梭菌。在你的皮肤下，这些细菌利用你身体内的组织作为原料产生微小的气泡，类似于啤酒发酵过程中形成的气泡。触摸气性坏疽患者的伤口是一个难忘的经历：滞留的气体让肌肉感觉像被气囊包裹一般。并不要命但同样令人难受的是瑞典臭名昭著的发酵鱼的“鲜美”（源自瑞典语中“酸”和“波罗的海的食材”的意思），日本2002年的一项研究称它是地球上最恶心的食物。[7] 美食评论家沃尔夫冈·法斯宾德断（Wolfgang Fassbender）说：“吃这个东西最大的挑战是在吃了第一口后才会呕吐，而不是在吃之前闻到味时就会吐。”口臭也因此产生了。

在发酵过程中，口腔细菌释放出一种挥发性的腐烂的有机化合物。

“挥发性”指的是化合物在正常室温下蒸发，并以气体的形式排出。其中一种气体是硫化氢，存在于下水道和沼气中，闻起来像臭鸡蛋的味道。另一种是甲基硫醇，它也存在于肠道气体中，是芦笋消化的副产物（你的肾脏通过尿液从血液中去除甲基硫醇，使其出现明显的“芦笋尿”气味）。二甲基硫化物是另一种特别有恶臭气味的挥发性有机化合物，闻起来像腐烂的动物尸体的气味。有种叫“死马百合”的植物会释放出二甲基硫化物来吸引苍蝇为其授粉。

你嘴里有一部分厌氧菌在发酵是很正常的。然而，如果它们过度繁殖生长就会让你的口气闻起来很恶心。

不断地制造和吞咽唾液是控制口腔中厌氧细菌数量的关键措施。唾液首先黏附口腔中的细菌，然后通过吞咽将其清除。你每天会产生半升到一升的唾液。坐下来读这本书的时候，你的唾液便以每分钟0.4毫升的速度分泌出来。咀嚼或吃东西会使唾液的分泌量增加10倍，但在睡眠期间，唾液分泌速度下降到每分钟0.1毫升。另外，睡觉时流口水证明睡眠时你会停止吞咽行为。夜晚，口腔内的细菌会享受一个不受限制的发酵嘉年华。当早上起床打哈欠时，嘴里散发出来的特殊气味是由于大量释放夜间发酵积累的挥发性有机化合物产生的。

任何导致你唾液挥发的因素都会使口腔内细菌的数量激增。这意味着更多的细菌参与到物质发酵当中，于是产生更多的挥发性有机化合物，你呼出气体的气味也会更加糟糕。某些药物，如利尿剂和止吐药，它们的副作用之一便是减少唾液的分泌。长时间没有进食也会降低唾液的分泌量。尽管气味会产生，但是“禁食呼吸”可能会挽救你的生命。2006年，研究人员探索了一种探测地震后被困人员的新技术，即利用他们的口臭。[8]他们推断，在被掩埋后的数小时因无法进食，受害者干燥的嘴巴将释放出大量的挥发性有机化合物。一种叫作气相色谱仪的手持设备可以在建筑物废墟中探测到这些化合物。为了确定色谱仪应该寻找哪些气体，研究人员需要建立一个禁食一段时间的人员呼出气体的样本。希腊阿陀斯山上的7名修道士自愿参加了这个实验。让他们禁食63小时后，对每个修道士呼出的气体成分进行分析。在他们呼出的气体中检测到的含量最高的是丙酮，它出现在每一名受试者呼出的气体中，其浓度是正常饮食对照组的30倍。丙酮是洗甲油、卸甲水的主要成分，其气味也与这些东西一样。丙酮也能溶解强力胶，急诊科总是用它来去除手指上附着的强力胶。

“口腔卫生不良”（医生形容蛀牙的一种委婉说法）的人更容易发生口臭。不怎么刷牙的人其牙齿上很快就会长出一层由细菌与食物残渣构成的薄膜，这个薄膜叫作菌斑。菌斑块中的细菌易产生酸，酸会腐蚀牙齿，形成蛀牙，细菌从而能捕获更多的能量物质，并且细菌菌落也找到了进一步居住的场所。最终会导致更多细菌的滋生，产生更糟糕的口气。

细菌不一定非得居住在口腔内才会导致口臭。感染的扁桃体或充满脓液的鼻窦显然也是这类细菌的居住场所。特别是爱冒险的儿童，鼻腔中进入异物发生感染，会从鼻孔中释放出恶臭的气味。溃烂的肺脓肿也会产生难闻的气味并渗入气道当中，难闻的气味会随着呼气释放出来。

特征性的气味可以用来诊断某些疾病。当你呼吸时，肺部会从血液中释放出废气，主要是二氧化碳。有些疾病会导致某些化学物质在血液中积累。如果这些化学物质像二氧化碳一样具有挥发性，它们就会通过你的呼吸释放出来。其中一个例子就是氨，它会在肾衰竭患者血液中积累。由此产生的“氨气呼吸”闻起来像尿液，尝起来则有强烈的金属味。如果你在医院里突然闻到某一个患者呼出来的口气有新割的草那样的味道，说明这个患者可能患有肝衰竭。受损的肝脏不能过滤出血液中某些甜味或有霉味的挥发性化学物质。测量呼出气体的成分可用于某些疾病的诊断，如酒精中毒（吹入式呼气测试仪）和果糖或乳糖吸收不良（氢呼气试验）。

那么，为何阿陀斯山的修道士呼出的气体中会存在丙酮呢？当机体为了供给能量而耗尽葡萄糖后，便开始分解脂肪，这个过程叫作酮症。丙酮是酮症的产物之一。作为一种挥发性化合物，丙酮通过呼吸从你的体内离开，使人们的口气有一种洗甲水的味道。除了长时间禁食的人，保持低水平碳水化合物饮食的人，他们呼出的口气中也会含有丙酮。

进食辛辣的食物也会导致产生刺鼻的口气。咖啡不仅利尿也会让你产生强烈的口气。葱类家族成员，像大蒜和韭菜，含有难闻的含硫挥发性化合物，在口腔当中即刻就会排出，所以，你甚至都不需要咀嚼大蒜就可以产生大蒜样的呼吸，或者吞下一整个蒜瓣也会导致口臭。大蒜中的硫化物被消化后会入血，由于它们是挥发性的，在接下来的24小时里，这些难闻的化合物会从血液中渗入肺部，并通过你的呼吸排出体外。它们也会融于汗液当中，并从腋窝的汗腺中散发出来。刷牙次数再多也不能改善大蒜味的口气，这是内部化学反应的结果，而不是因为你牙缝之间有一块大蒜残留物。在孜然等香料中加入食用油也有同样的效果。

如果你不去吃异味大的食物，并且有效控制口腔内细菌的数量，你就可以保持新鲜的口气。用牙线清除牙缝之间残留的食物来切断细菌的能量来源，勤刷牙以清除口腔内过多的细菌，必要时可以用消毒漱口水消灭它们。尽管你可能很早就出现了口臭的症状，但自己却一直不知道，因为出于礼貌没有人会直白地告诉你让你难堪。牙医约翰·科德曼博士（Dr.

John Codman）在1879年于《美国牙科科学杂志》（*American Journal of Dental Science*）上发表的文章《口臭》（*Foul Breath*）中描述了这一点：

> *我们经常遇到充满智慧而有能力的、深邃的和充满艺术气质的人。他们可能有着认真而高贵的面庞，他们的谈话让人入迷并且充满活力。但我们却十分厌恶地拒绝那充满爱与智慧的但是伴随着难闻气味的话语。的确，在牙医们参加牙科会议时，我自己没有被牙医们冒犯到吗？*[6]

一位读者在对科德曼博士的文章的回复中，提出了一个理智的建议：

> *在这种情形下有一位能率真地指出你存在的问题的人是非常重要的。在这个问题上征求熟人的回复不太可能，你几乎总是得到含糊其词的答复。而且，有这种症状的患者通常也不知道症状本身的存在。如果你想知道，去问问你的妻子、姐姐、母亲，并且你需要经常这么做，不要等到她们提醒你去注意这个症状，否则会受到批评。女人的嗅觉通常比男人的更敏感。*[9]

总结：健康的口腔中含有厌氧菌，当你口腔中的水分丧失时它们的数量就会增加，它们因发酵积累的难闻的挥发性化合物导致了你的口臭。

知识链接

医生伊格纳兹·塞麦尔维斯（Ignaz Semmelweis）的故事

在没有认识到细菌这样的微生物可以导致疾病之前，外科医生是出了名的脏。为什么要洗手术衣呢？上面点点累积的血迹不正好证明了医生有丰富的手术经验吗？弥漫在手术室里令人作呕的气味也被亲切地称为“亲切的外科臭味”。人们认为，脓液是伤口愈合时的正常组成部分。那时候医生们经常用同一个不清洗的探针检查病房里所有病人的化脓性伤口。

早些时候曾有人提出要改善卫生设施条件，结果遭到了嘲笑与反驳。我们来听听匈牙利内科医生伊格纳兹·塞麦尔维斯的故事吧。在1846年，他还是维也纳总医院的一名医生。这家医院下属有两间产科诊所，一些医护人员在这里接受医学技能教育与培训。医学专业的学生在第一间诊所里学习，而助产专业的学生在第二间诊所里学习。前一天来的孕妇如果被分到某间诊所，那么第二天来的孕妇就被分到另一间诊所。这两间诊所大体上相同，但是有一个主要指标却大相径庭，那就是死亡率。在1840—1846年这段时间里，在第一间诊所里，孕妇的平均死亡率是10%。而在第二间诊所里孕妇的死亡率仅有4%。导致孕妇死亡的主要原因都是产褥热，我们现在知道这种疾病是由生殖道细菌感染引起的。

在塞麦尔维斯来这家医院工作之前，没有人能解释为什么同样的产褥热引起的死亡率第一间诊所比第二间诊所的高。塞麦尔维斯注意到，医学专业和助产专业学生时间表上有一个重要差异。医学专业学生每天首先要对产褥热致死的孕妇进行尸检。然后，他们不洗手就直接去第一间诊所，按照培训计划的要求，对每个病人进行阴道检查。相反，助产专业的学生不进行尸检或常规阴道检查。

塞麦尔维斯提出，“病态物质”的传播是第一间诊所死亡率比较高的原因。不要嘲笑他当时将传播的东西叫作“病态物质”，因为在20年之后巴斯德的研究成果才揭示了微生物在导致疾病过程中的作用。塞麦尔维斯的发现没有错，但只不过他认为的造成这种物质传播的原因是错误的。除了在手术服上随便抹一下之外，医学专业学生的手刚刚从一位死去的孕妇溃烂的子宫中拿出来，便又直接伸入诊所里其他妇女的阴道当中。

为阻止“病态物质”传播，1847年5月，塞麦尔维斯提出了一项要求，在进入第一间诊所之前，医学生必须用漂白粉洗手（基本上是漂白剂溶液）。塞麦尔维斯并不知道漂白粉有防腐的作用，他让学生用漂白粉是因为它能消除那些像腐败了的尸体一般的气味（他推断这些难闻的气味可能就是“病态物质”）。结果是显而易见的，第一家诊所的死亡率从1847年4月的18.27%急剧下降到7月的1.2%。[10]

尽管塞麦尔维斯的举措取得了成功，但他认为清洁十分重要的想法却遭到了强烈的反对。当时，疾病仍然被认为是体内体液不平衡引起的，不是什么生理上可传播的“病态物质”。外科医生对于他们是“不干净”的，或者他们是导致病人患病的主要原因这一推断感到无比的愤怒。塞麦尔维斯遭到了过多的怀疑与嘲笑，他的心理健康状况急剧恶化，1865年，他被强制送进精神病院。两周后，他死于手部伤口引起的坏疽，年仅47岁。

烟草甲与尼古丁

烟草甲不是蠕虫，它也没有角。然而，它们却吃具有一定毒性的烟叶，里面主要是苦味生物碱。尼古丁是一种天然杀虫剂，它的毒性很大，很少有生物是靠吃烟叶而生存的。仅仅吃几片烟叶，你就会感到恶心。儿童仅摄入60毫克的尼古丁（相当于6支香烟的剂量），就会因中毒而死亡。然而，烟草甲对尼古丁的耐受性是人类的750倍，它们轻而易举地就可以吃完全是烟草叶的午餐。烟草甲不像人类那样摄入尼古丁后会上瘾（事实上，消化烟草叶会消耗能量，这使得烟草甲昏昏欲睡），相反，它们吃烟草叶是一种防御机制。科学家们研究发现，有一种基因使得烟草甲将消化后的尼古丁从毛孔中释放出来，就像研究员伊恩·鲍德温（Ian Baldwin）所描述的“有毒的气味”。[11] 像狼蛛这样的捕食者会被烟草甲释放的尼古丁气味恐吓，然后它们只能到别处寻找晚餐了。

参考文献

[1] Lister, J. On a New Method of Treating Compound Fracture, Abscess, &c., with Observations on the Conditions of Suppuration. The Lancet, 336 - 339 (1867).

[2] Lambert, G. B. All Out of Step: A Personal Chronicle. Doubleday (1956).

[3] Twitchel, J. B. 20 Ads that Shook the World: The Century’s Most Groun分贝reaking Advertising and how it changed us. All Crown Publishers, p. 64 (2000).

[4] Ewen, S. Captains of Consciousness. Advertising and the Social Roots of the Consumer Culture. McGraw Hill (1976).

[5] Goodrum, C. & Dalrymple, H. Advertising in America, The first two hundred years. Harry N. Abrams (1990).

[6] Codman, J. T. Foul breath. American Journal of Dental Science, 12 (12), 529-542 (1879).

[7] Koizumi, T. Hakkou Ha Chikara Nari. NHK Kouza (2002).

[8] Statheropoulos, M. et al. Analysis of expired air of fasting male monks at Mount Athos. Journal of ChromatograpHy B, 832 (2), 274 - 279 (2006).

[9] Remarks on Article on Foul Breath. American Journal of Dental Science, 13 (1), 45-46 (1879).

[10] Shorter, E. Ignaz Semmelweis: The etiology, concept, and propHylaxis of childbed fever. Medical History, 28 (3), 334 (1984).

[11] Kumar, P. et al. Natural history-driven, plant-mediated RNAi-based study reveals CYP6B46’ s role in a nicotine-mediated antipredator herbivore defense. Proceedings of the National Academy of Sciences, 111 (4), 1245 - 1252 (2013).

味觉与嗅觉

当你感冒时，
火山泥蛋糕尝起来真的就会像泥一样。

医生约翰·哈维·凯洛格（John Harvey Kellogg）是谷物片的发明者，他故意发明出没有味道的玉米片。“饮食应该有节制，”他在1887年出版的著作《老少都应知道的简单事实》（*Plain Facts for Old and Young*）中强调了一点，“多吃水果、谷物、牛奶和蔬菜……它们有益健康，并且没什么刺激性。”[1]凯洛格不吃那些肥厚鲜美的食物有一个相当不寻常的原因，那就是他认为那些食物会唤起性欲。

> *一个以猪肉、面包、馅饼和蛋糕、调味品、茶以及咖啡为食并喜好抽烟的人，可能会放飞他原本纯洁的思想。*

凯洛格声称：“没有什么比不含调味品的简单饮食更能抑制住人们的激情了。”他认为，手淫是“所有性侵害当中最危险的一种”，我们应该怀疑那些“讨厌简单食物的人”，或者“极度喜爱非自然的、有害的以及有刺激性食物的人”：

几乎所有手淫的人都非常喜欢盐、胡椒、香料、肉桂、丁香、醋、芥末、辣根和类似的物品，而且大量地食用。如果一个男孩或女孩经常吃丁香或肉桂，或者不吃其他食物就大量地吃盐，我们有很好的理由怀疑他们经常进行手淫。

1876年，凯洛格被任命为密歇根州巴特克里克疗养院的医疗主任，这是一家严格按照基督复临安息日会（strict Adventist）的价值观而经营的医院和健康治疗中心。凯洛格向所有的病人布道并列了一种不刺激的素食菜单，包括大块的面包。后来一名妇女因为撕咬面包导致假牙断裂，于是她威胁要起诉他们，凯洛格才意识到“我们应该提供一种不会折断人牙齿的现成的食物”。[2] 玉米片是他在多次烘烤各种谷物的试验后得到的产物。凯洛格创造的初代玉米片甚至比现代的玉米片还要淡（可能是这样吧），不加糖，不加盐，只是烤。尽管尝起来像硬纸板一样，但是这个玉米薄片立刻受到了患者的欢迎。凯洛格的兄弟威尔——医院的会计，嗅到了商业气息。威尔建议将玉米片调整一下，多撒点糖来增加它们的吸引力。可以想象一下他哥哥的反应。经过激烈的法律斗争后，威尔独自一人，在1906年开始向美国大量销售带糖的玉米片。

约翰·凯洛格于1943年去世，比他弟弟推出Sugar Smacks（烤过的甜小麦泡芙）早了10年。没有任何食物比Sugar Smacks更远离约翰·凯洛格的节俭饮食原则，因为每100克的Sugar Smacks中就有55g是糖。20世纪80年代时，糖已经过时了，聪明的商人试图通过一个精明的命名——蜂蜜薄片——让该商品听起来更健康。其实配方并没变，但是由于蜂蜜被认为是天然的，重新命名给予了这个商品一个看似健康的外表。尽管威尔·凯洛格的营销让人不齿，但是他的玉米片确实极受欢迎。

*

其实，味觉对品尝出食物的味道的贡献相对较小。这里有一个实验证明了这一点。拿起一袋果冻，捏住鼻子，闭上眼睛，从袋子里随便拿出一颗果冻放进嘴里，你只能尝出甜味，具体点儿说就是你尝不出来吃的是草莓味的还是橘子味的果冻。没有了鼻子，你会很明显地发现水果的味道也变了。现在，张开嘴和眼睛，照镜子看看舌头上果冻的颜色。你可能会注意到，假如你看到舌头上是粉色的，当你完成咀嚼和吞咽时，浆果的味道会变得更强烈。

味道，其实是一种食物的气味、味觉、颜色、温度和质地的结合感觉（我们有时也称其为“口感”，但是这个词不太吸引人）以及融合了其他无形的感觉，包括所处的环境和个人的情绪。从树上刚摘下来的成熟香蕉，味道要比你在下午没完没了的会议前吃的香蕉好得多。

果冻实验证明，气味比味觉更能体现食物的味道。当你抱怨你失去了味觉时，你实际上失去的是嗅觉。

你的鼻腔一直延伸到两个眉毛之间。在这里，有一个被称为筛骨的骨头（拉丁语意为“筛状的”），这是唯一将吸入的空气与大脑分隔开的结构。骨头上的小孔可以让探测气味的神经从大脑到达鼻腔。神经末梢在鼻腔顶部形成邮票大小的斑点。周围的东西释放出来的气体分子，比如松树的气味或狗的骚味，在飘浮到达鼻腔时与神经末梢结合。不同的神经末梢可以检测不同的气体分子。比如说，你的大脑将神经激活的模式解释为圣诞树的气味或腊肠犬的骚味。人类的鼻子可以探测超过1万亿种不同的气味。

暂时或永久性的嗅觉丧失严重影响了你对食物的享受。当你咀嚼时，气味分子从嘴里的食物中散发出来，并通过喉咙后部上升，刺激鼻腔内的气味感受器。如果你的鼻子里充满了黏液，这些受体也一样：厚厚的黏液在物理上阻止了气味分子与神经末梢的结合。当黏液干涸时，你的嗅觉就会恢复。

“嗅觉丧失”是闻不到东西气味的医学术语。有些人生来嗅觉就丧失了，比如诗人威廉·华兹华斯（William Wordsworth）[他曾经说过“暗里花儿最沉香”（the flower that smells the sweetest is shy and lowly），他完全是在隐喻罢了]。有些人则是因为头部创伤而丧失了嗅觉。头部遭受沉重的击打可能会导致通过筛孔的嗅觉神经发生折断。嗅觉的丧失也可能是帕金森的首发症状，在不自主震颤发生之前数年，这个症状可能就出现了。帕金森病造成的神经损伤可能开始于筛骨上方的部分大脑。

*

舌头可以检测到5种主要的口味：酸、咸、甜、苦和鲜味（ 种鲜美的味道）。这些口味的组合有助于形成一种食物独特的风味。在你的中学生物教科书上，可能有一个“味蕾地图”——将舌头根据可以检测的口味类型划分的图表。很多人认为味蕾地图是科学有效的。在你舌头的各个部位都涂上一些果酱或花生酱，这种谎言立刻就会现出原形——你可以在舌头上的任何地方尝出上述5种主要的味道。

找一个镜子，伸出你的舌头。看见味蕾了吗？答案肯定是没有，除非你用高倍显微镜观察你的舌头。能看见的那个粉红色小突起叫作乳头。最容易看到的是轮廓乳头，10～14个比较大的突起在舌头后面呈V形排列。蘑菇状的菌状乳头占据了舌头前部。把舌头扭向一边，你可以看到叶状乳头形成的垂直脊。舌头上有1万个左右味蕾排列在这些乳头的两侧，但肉眼不可见。还有一些远端的味蕾排列在脸颊、口腔顶部和食管顶部。

味蕾大约每10天就能更新一次。所以，如果你被融化的奶酪三明治烫坏了舌头，那些受损的味蕾应该能够在一周半左右的时间里完全更换为新的（这次得记住食物要充分冷却再食用）。

味蕾对生物的生存至关重要，它们鼓励动物寻找营养丰富且美味的食物，并且有效规避潜在的有毒物质。不同动物的味蕾组成也因它们的饮食方式而有所不同。食肉动物的味蕾不到500个，其中大多数是为了检测苦味，以阻止它们吃腐臭的肉。肉食者也不会太在意甜味，因为糖不是狮子自然饮食中的组成元素，因此有对甜味敏感的味蕾没有什么意义。食草动物大约有25000个味蕾。植食者拥有可以微调的味蕾，以便检测它们每天不停摄入的绿色植物中的毒素。当一头大象把金合欢树的整个树枝都塞进嘴里时，它优越的味觉能让它探测到隐藏在其他叶子中的一片苦涩的有毒叶子。

鱼的味蕾也非常丰富。鱼的味蕾不仅存在于口腔中，而且还排列在身体两侧，以便探测水中的化学物质。鲶鱼有17.5万个味蕾，是所有动物中味蕾最多的。在能见度近乎为0的浑水中游荡，意味着它们需要依靠自己的味觉来寻找食物。

味蕾的形状像大蒜茎。每个味蕾包含50～150个像丁香花一样排列的味觉细胞。味蕾的顶部有一簇发状突出物，在唾液中摇摆。咀嚼一口食物时，下巴向上抬会将食物与唾液进行混合，并放到舌头上。味蕾的发状突出物可以检测油腻的汤中的化学物质，并引发下面的味觉细胞的反应。重要的是，这些突出物只有在湿润时才能检测到化学物质。如果你把糖、盐或者漂白粉撒在干燥的舌头上，它们就像砾石一样无味。神经网像树根一样从每个味蕾的底部向外延伸。这些神经将味蕾的化学活动传递到大脑，大脑将这些信息解释为味觉。

味蕾是如何“知道”一种食物为甜的还是咸的？想想看，我们其他的特殊感官是如何“知道”它们探测到了什么的呢？眼睛可以根据检测到的光的波长来识别颜色，耳朵依靠声波频率来检测声音的音高。你的味蕾则会根据食物的化学性质来检测味道。特定的化学物质与这5种主要的口味有关。不同的化学物质会在味蕾中触发不同的化学反应，让它们“知道”自己在品尝什么。

酸味是由酸引起的。在舌头上放任何低pH的东西——醋、猕猴桃、希腊酸奶、胃内容物——大脑会告诉你这些东西是酸的。尤其是氢离子，在味蕾中激发酸信号的反应通路。咬了一口酸的东西后，唾液总是大量溢出。你的机体释放了额外的口水（内含超过99%的水）是为了稀释酸零食中的酸，保护牙齿免受酸的侵蚀。想象一下自己正在咀嚼一些盐醋片，会有大量唾液分泌出来吗？如果没有的话，就请你再想象一下，有1/4个柠檬，你咬一口它那多汁的黄色果肉。这回呢？仅仅是想象吃一个酸的东西就足以让你的唾液腺活跃起来，这就是遇到酸性食物之前的条件反射。如果大脑认为你想要吃一些柑橘，它就会抢先地分泌出一些保护性的唾液。

卡苏马苏乳酪是萨丁岛盛产的一种奶酪，以其浓郁的酸味而闻名。活蛆使这个以羊奶为原料的奶酪获得了独特的味道。当苍蝇的幼虫咀嚼奶酪时，它们消化道中的酸会分解奶酪里的脂肪。蛆虫的粪便赋予了卡苏马苏乳酪（字面意思是“腐烂的奶酪”）酸性的味道。传统的萨丁岛人吃奶酪时，幼虫还活着，还在扭动。而更多神经敏感的食客则会将蛆挑出来。有人曾建议把奶酪密封在纸袋中，让蛆虫窒息而死。一开始，缺氧的蛆虫会从奶酪中蠕动出来，与袋子碰撞时发出砰砰的声音。当爆裂声消失了，这意味着蛆已经死亡了，这时你可以把奶酪拿出来，尽情“享用”它，连带着蛆虫尸体一并涂在大面包上。莫名其妙的是，这种奶酪曾被认为是一种春药，常在婚礼上被人食用，现在被欧盟禁止了。如此放纵苍蝇在奶酪中嬉戏玩耍，很可能会让奶酪中充满致病的细菌。另外，如果蛆在你胃内的酸性环境中存活了下来，它们会引起你腹痛、恶心和呕吐。

凤尾鱼、橄榄和蔬菜酱有什么共同之处呢？这几种食物的英文词汇中都含有字母V，都是黑色的，盐含量都很高。咸味是由溶解的金属离子产生的，也叫作电解质。氯化钠（食盐）是我们吃的最常见的电解质。我们甚至不会去具体说明它是由钠和氯元素组成的，我们只称之为盐。特别是钠离子，尝起来很咸。但除了钠之外，其他金属离子的味道也很咸。钾离子，以氯化钾粉的形式出现，可以撒在薯条上，作为盐的替代品，适合那些因为高血压等身体原因需要限制钠摄入量的人。服用可以稳定情绪的金属锂药片的患者，经常抱怨它太咸并且总是让人感到渴。

盐那强烈的味道会促使动物们去寻找需要的离子来维持身体内电解质的平衡。鹿和长颈鹿会寻找天然的盐池去调整它们体内电解质的配额。在意大利北部发现的野生山羊会攀登近乎垂直的悬崖，以摄取岩石上的咸盐。怀孕会导致女性电解质水平发生波动，于是产生对爆米花或椒盐卷饼的食欲。与野山羊不同的是，人类不需要寻找盐，因为人工制得的盐在现代饮食中通常都会摄入过剩。你的机体每天只需要一茶匙盐（大约6克，其中含有2克的钠），但大多数人很容易摄入该标准的两倍。即使你不缺盐，盐对你也很有吸引力，这种进化上的缺陷解释了为什么控制自己只吃一片薯片是如此的困难。

甜味可以由多种化学物质产生，最主要的是糖。糖是碳水化合物，顾名思义，是含有水合碳（含氢和氧的碳化合物）的分子。蔗糖是你喝咖啡时经常加的糖，水果和蜂蜜中的糖是果糖，而乳糖则是赋予牛奶甜味的糖。糖分子的能量密度很高。

从进化上讲，我们对甜食的热爱会鼓励我们高效地寻找高热量的水果，而不是浪费能量去煮树皮。许多植物发生进化，可以结出甘甜的果实或富含花蜜的花，以引诱生物吃它们，从而帮助这些植物繁殖后代。当蜜蜂吸走花的花蜜时，它就携带上了花的花粉。如果一只鸟吃了浆果，种子便可以通过鸟粪排出并播撒。通过利用另一种生物进食甜食来传播花粉和种子，植物的发芽范围可以扩大数千米。

并非所有有甜味的化学物质都是糖。糖的替代品，如糖精、阿斯巴甜和山梨醇，都是非碳水化合物的化学物质，尝起来都很甜。曾经有杀人犯承认往受害者的水杯里加入了一种不太常见的糖类替代品——乙二醇，我们熟悉它是因为它是防冻剂的主要成分。与大多数味道很苦的毒素不同，这种糖浆状的甜防冻剂很容易被加到咖啡和鸡尾酒中而不易被发现。抗防冻剂中毒的解毒剂是第二种美味的饮料——酒精。在医院里，我们通过静脉注射乙醇，或者喝杜松子酒、伏特加、威士忌以及其他的烈酒进行乙二醇解毒治疗。酒精就像一个诱饵，你的肝脏会优先分解酒精，而不是防冻剂。乙二醇本身并不是致命的，而你的肝脏在分解它时产生的化学物质会杀掉你。让肝脏先去分解酒精会让你的肾脏有足够的时间通过尿液除去体内的乙二醇。

氯仿，学名三氯甲烷，是另一种致命的甜味化学物质，尝起来比糖甜40倍。但是不要尝，仅仅10毫升就会让你呼吸衰竭或心脏骤停，从而导致死亡。低剂量时，氯仿会导致昏迷。在维多利亚时代，用氯仿浸泡过的抹布捂住病人口鼻是用来麻醉的方法，但需要深吸好几分钟才能昏倒，好莱坞电影当中被湿布捂住口鼻后一下就晕倒了属实有些夸张。

苦味的食物通常来自植物。许多种类的植物通过进化，将辛辣味的化学物质加入它们的叶子和果实中，以防止被动物吃掉。但是咖啡豆（咖啡因）、金鸡纳树皮（奎宁）和可可豆（可可碱）中的苦味生物碱却很受人们喜爱。“不要吃我，我很苦”的策略出现在那些能让你致命的植物当中，比如士的宁树（马钱子）、铁杉木、颠茄、乌头和烟草。氰化钾是一种剧毒的化学物质，存在于包括木薯和利马豆（棉豆）在内的植物中。有大量的文字资料记载了它的苦杏仁味，但是因为摄入后在几分钟之内就会死亡，所以没人能活下来记录它的味道。2006年，一个名叫M.P.普拉萨德（M. P. Prasad）的印度金匠吃完氰化钾后匆忙写了一张遗书：“医生，氰化钾。我尝过了。它灼伤了我整个舌头，味道特别辣。”[3]无论是美味的（咖啡）还是致命的（氰化物），某些化学物质可以给各种水果和蔬菜带来苦味，比如葫芦素（葫芦和黄瓜中含有）、草香苦酮（啤酒花的主要成分）和葡糖异硫氰酸盐（十字花科的成员，包括花椰菜、卷心菜和辣根中含有）。柚皮素（存在于葡萄柚中）和花青素（存在于红色和蓝色的水果和蔬菜当中，如大黄、葡萄和蔓越莓）也会带有苦味。

苦的食物在老年人中往往比在儿童中更受欢迎。随着年龄的增长，味蕾会退化，变得不那么敏感。小时候吃的那些难以忍受的食物，随着你的成长可能会变得越来越美味。孩子们对所有绿色东西的厌恶可能已经进化成一种保护性的特征，而不是青少年时期的固执。有毒的某些植物尝起来有点儿苦。在你磨炼出识别植物的技能之前，避免吃所有的植物是明智的选择。味蕾对苦味超级敏感，它可以有效地阻止孩子们去偷尝那些潜在致命的植物。之后，当味蕾稳定到成人时期的检测能力时，西蓝花和啤酒的轻微苦味就会变得令人愉快。

有不相信自己的味蕾会检测出毒药，于是雇用了人类小白鼠来替代，纵观历史，患有中毒妄想症的有权有势的人就是这么做的。罗马皇帝克劳迪亚斯（Claudius）要求他的仆人哈洛图斯（Halotus）在每场宴会中都当他的试吃者。这个计划结果适得其反，据说哈洛图斯与公元54年克劳迪亚斯被毒蘑菇毒死的事件有关。第二次世界大战最后的几年，阿道夫·希特勒（Adolf Hitler）强迫15名年轻女孩先试吃他的食物以检测是否有毒。玛格特·沃克（Margot Wolk）是在战争当中唯一存活下来的试吃者，2014年，95岁的沃克在接受德国电视台RBB的采访时描述了她所承受的折磨：

我们不得不把食物都吃光了……然后又不得不等一个小时，每次我们都害怕自己会生病或被毒死。[4]

鲜味来自日语，大致翻译为“美味”。如果你曾经喜欢古老的帕尔马干酪、肉汁或焦糖肉，你无疑会认为这个翻译是准确的。人们对鲜味非常上瘾也许可以解释为什么奶酪被认为是世界上最美味的食物。当对鲜味的渴望来袭时，它很难抗拒。鲜味是最近被发现的主要口味之一。1908年，东京大学的一位名叫池田菊苗（Kikunae Ikeda）的化学家试图分离出使日式高汤产生肉味的化学物质，这是加入了海带的日本菜的主食。重复地处理和蒸发海带，终于产出了一些微小的晶体。当池田品尝时，他的嘴里充满了他一直在寻找的独特的鲜美的味道。

分子分析表明，池田所说的神奇化学物质是一种叫作谷氨酸的氨基酸。氨基酸是蛋白质的组成部分，因此鲜味在肉类和奶酪等高蛋白食物中随处可见。慢煮或发酵食物可以释放更多的谷氨酸来增强食物的鲜味。1909年，池田公司大量生产了一种名为味之素的调味品（意为“味道”的精华）。它基本上是粉状的物质，即谷氨酸钠，也叫作味精。这种神奇的粉末在亚洲引起了广泛的关注，尤其在中国烹饪中是特别常见的调味品。在西方，20世纪60年代，味精被妖魔化为“中国餐馆综合征”，因为有人吃过加了味精的中餐后产生了头痛和皮肤潮红的症状。这所谓的综合征据说与味蕾地图有着一样多的科学依据。但是，双盲实验也未能证明味精和不良症状之间有任何的联系。[5]

*

为了把所有的味觉科学地归纳在一起，我们可以想象一下自己正在一家快餐店吃饭。先从一把咸薯条开始。当钠离子溶解到唾液中时，它的咸味会鼓励你喝一口柠檬水。蔗糖分子此时淹没了你的味蕾，引发一种愉快的甜蜜感觉。柠檬水中柠檬酸的低pH会留下一种清新的酸味。当你吃了一口含干酪的多肉汉堡时，你的嘴里充满了美味的谷氨酸鲜味。但突然间，一股尖锐的苦味让你厌恶地吐出刚刚咀嚼的那一口汉堡。看着你的汉堡，你发现了藏在牛肉饼下一块咬了一半的富含葫芦素的泡菜。此时，你可能会觉得约翰·哈维·凯洛坚持简单的、不含调味品的饮食建议也许是个好主意。

总结： 味蕾可以检测出5种主要的口味：酸、咸、甜、苦和鲜味。每一种味道都与一类化学物质有关，这些化学物质会在味蕾中引发特定的反应。大脑将这些反应解释为味道。

知识链接

“辣”不是一种味觉

辣不是一种味觉，它其实是一种痛觉。你的味蕾无法识别出像辣椒素这样的赋予食物辛辣特性的化学物质。相反，辣椒里的化学物质会刺激嘴里的疼痛感受器。理论上来说，任何东西都不可能“尝”到辣味，即使你不小心咬了一口鬼椒，液体从面部的每一个孔流了出来，这种细微的差别无关紧要。

处于地球卫星轨道上的宇航员往往患有慢性鼻塞。因为环境中没有重力，所以黏液通常会附着在他们的鼻子和鼻窦的顶部。闷堵的鼻子让他们感觉大多数的食物没有什么味道，除非味道特别浓，比如盐和胡椒，但是只能制成液体的形式，以免颗粒自由地飘浮起来，干扰舱内设备的运行。鸡尾冷虾——冻干的对虾配辣根酱粉——通常被宇航员称为NASA菜单上最美味的食物。1995年，宇航员比尔·格雷戈里（Bill Gregory）驾驶“奋进号”进入太空，在飞船上总共吃了48顿饭，每顿饭他都吃了一杯鸡尾冷虾。格雷戈里重复的菜品是参照了前辈，即6次乘坐航天飞机进入太空的斯托里·马斯格雷夫（Story Musgrave），他在轨运行时每天吃3次鸡尾冷虾。马斯格雷夫知道，一旦宇航员尝了鸡尾冷虾，他们别的什么都不想吃了。鸡尾冷虾在飞船中如此的令人垂涎，以至于马斯格雷夫建议他的同事三餐都吃跟他一样的东西，这样他们就不会偷他的虾了。这些涂着辣根的对虾，在苦硫酸葡萄糖苷——这种辛辣的、能引起疼痛的化合物的作用下，让人体验了一种来自这个世界之外的味觉感受。

雅各布逊氏器是什么

蛇、蜥蜴以及多种哺乳动物的鼻子里都有一个专门的化学探测器，叫作雅各布逊氏器。它们用这个器官来探测猎物、捕食者和配偶散发的气体信息素。蛇伸出舌头，品尝空气，然后把空气推送到雅各布逊氏器上，对它进行“品尝”。马的脖子向前伸，上唇向后弯曲，露出雅各布逊氏器。人类不能探测信息素，因为我们没有功能性的雅各布逊氏器。

到底有多甜

1996年，位于法国中部的里昂大学的科学家们开发了一种人工甜味剂，预计比蔗糖甜30万倍。他们称它为“lugduname”，取自拉丁语，意为“里昂”。假设一个盒子里装有27克的蜂蜜，那么其中有15克就是糖。用“lugduname”代替糖，你只需要0.00005克的该物质就可以达到相同的甜度。或者，如果你用同样重量的该物质替代糖，它的甜度等同于4500千克的糖。这重量相当于两头犀牛，大约是4500万只蜜蜂（我依然坚持使用蜂蜜作比较更恰当）。

参考文献

[1] Kellogg, J. H. Plain facts for old and young: embracing the natural history and hygiene of organic life. I.F. Segner (1887).

[2] Clarkson, J. Food History Almanac: Over 1,300 Years of World Culinary History, Culture, and Social Influence. Rowman & Littlefield (2013).

[3] Babu, R. The only taste: cyanide is acrid. Hindustan Times (8 July 2006). https://www.hindustantimes.com/india/the-only-taste-cyanide-is-acrid/ story-vhsbYsiNyWzIfakN4HBK0H.html.

[4] Nichols, C. Hitler’s last food taster gets the novel treatment in bestseller ‘At the Wolf’s Table’. ABC News (4 April 2019).https://www.abc.net.

au/news/2019-04-04/hitler-food-taster-novel-at-the-wolfs-table-rosella-postorino/10959950.

[5] Rosenblum, I. et al. Single- and Double-Blind Studies with Oral Monosodium Glutamate in Man. Toxicology and Applied PHarmacology, 18 (2), 367 - 73 (1971).

失 声

如果你有那么几天说不出话来，
我相信你一定会无法形容那没有声音的生活。

提到高科技玩具，不得不说现在的小孩选择面太广了：声控赛车、Wi-Fi机器人、能发射橡皮子弹的遥控坦克。在过去，孩子们用木棍或奇形怪状的石头自娱自乐时都发生了什么呢？跟着我，一起回想一下那旧日时光吧。在伦敦实习时，德国医生卡尔·奥古斯特·布罗（Karl August Burow）参与了当地缺乏娱乐活动的孩子们发明的一种奇怪的“游戏”当中。他的案例报告题为《关于用气管切开术从一个孩子体内移除鹅的喉咙》（*On the removal of the larynx【voice box】of a goose from that of a child by tracheostomy*），发表在《英国与外国内外科学评论》（*The British and Foreign Medico-Chirurgical Review*）上。

当地的孩子们非常喜欢这样一种游戏，吹刚被杀死不久的鹅的喉咙，以便模仿这种动物发出的声音。一个12岁的男孩在非常投入地玩这个游戏的时候（1848年11月1日时），意外发生了，他开始剧烈咳嗽并吞下了鹅的喉咙，随即出现了强烈的窒息感，不久后，又发生了严重的呼吸困难。

18小时后，布罗博士发现了处于危急情况下的男孩，他的脸肿了，面色发蓝，满头是汗。他每一次吸气都伴随着颈部肌肉痉挛性的收缩并发出清晰的口哨声，每一次发作，就会发出一种很像鹅叫的嘶哑声。布罗博士立刻对男孩实施了气管切开术（就是在气管的位置切一个口）。但是由于鹅的喉咙与人的喉咙具有同质性，用手术钳来鉴别哪个是鹅的喉部存在较大的难度。最后，经过多次的尝试，布罗博士用食指将喉固定在颈壁上……他设法移除了整个鹅的喉部。手术后第九天，男孩完全康复。[1]

当孩子们没有智能手机或乐高无人机时，难免会发生这样的意外状况。任何稀奇古怪的玩具最终都会让人感到无聊并被遗忘，但是吸入鹅的喉咙这种经历应该不会被忘掉。

*

你的体内有两根中空的管道，它们都以你的口腔为入口——位于前面的管道是气管，用于呼吸；位于后面的管道为食管，用于进食。为了避免窒息而死，防止食物进入气管是很重要的。

如果食物阻塞了你的气管，那么你就无法让空气进出体内，这是一种“与生命相违背”的情况（这是医生委婉地表示那些能让你失去生命的说法）。为了防止食物引起的死亡，当你吞咽时，一团叫作会厌的结构会堵塞住你的气管。唾液和食物只是从会厌表面滑过，然后滑进食管当中。在两次吞咽之间，会厌呈直立状态，让空气可以从肺部进出。

喉咙，通常英语里有一个别名叫作“voice box”（音箱），位于会厌下方。这是一个长5厘米左右的腔室，底部与气管融合。这个腔室中有你珍贵的声带。

喉结，是喉咙凸起的外表。摸一摸你脖子的前面，你可以分辨出这个特别突出的三角形突起（专业术语就是“喉结”）。每个人都有喉结，只不过在男士身上体现得更为明显。现在，从喉结开始，用手指向下滑动，滑到锁骨相接的地方，这里你会摸到一小段气管。你应该好好感谢它，这么多年来，就是气管，让你保持生命的活力和持续不断地呼吸。你摸到的一串隆起，是保持气管开放的软骨环。食管不需要这样的软骨环，在两次吞咽之间，它光滑的壁便会碰撞接触，让食管闭合。然而你的气管却要时刻开放，因为你每一秒都需要呼吸。

我们的两根声带柔软而又湿润。它们只有几厘米长，内衬有和脸颊内所存在的一样的黏液组织。用手指比画一个代表“胜利”的手势，即V形手势，这个手势很好地契合声带的形状，每一根手指代表了一根声带。声带的根部在喉结上，位于前面。两根声带朝着背部伸长。当你不说话时，两根声带之间的空隙约8毫米（它们必须分开，确保空气可以顺利通过气管进入肺部）。将你做出V形手势的两根手指合在一起，然后分开，当你说话时，声带就像这样闭合和打开。

这两根薄弱的韧带让你从出生到死亡可以肆意地说话、唱歌以及呐喊。但是，置于软骨当中的这一对潮湿的“细线”究竟是如何产生声音的呢？实际上，这需要气流的帮助。

以下让我们了解一下声带的工作原理。吹起一个气球，然后捏住气球嘴部。慢慢地将双手移到气球两边，放出一些空气，你会听到逸出的空气震动漏气的气球嘴发出的声音。人发出声音也是同样的方式。储气的器官是肺，类似于气球嘴的那部分是声带。当你呼气时，从肺部流出的空气穿过声带让它振动。当声带每秒振动100～1000次时，便会产生声波。你只有呼气时才能发出声音。当吸气时，声带必须分开呈V形让空气进入，因此不会产生振动声波（即不会产生声音）。如果你试着一边吸气一边说话，你仅仅能发出一种单调的近乎窒息的声音，这种声音仅可以模糊地表达一些文字。

当声带振动时，它所处的位置决定了它所发出的声音。声带不只是打开和闭合，它们还会被精确地伸长、缩短、抻拉，并由附着在其上的10块小肌肉的收缩而挤在一起。拉紧的声带会产生高音调的声音，而松弛的声带会产生低音调的声音，就像调音的小提琴琴弦一样。

在青春期，睾丸分泌的雄激素会扩大喉腔容积和里面声带的长度。无论是什么性别，青春期前，声带长度为17毫米左右。青春期时，男性比女性产生更多的雄激素，使得他们的喉腔更宽敞（这就是为什么他们的喉结更加突出），软骨更厚，声带更长，大约长29毫米，比青春期前增长了70%。在雄激素的影响下，男性的鼻腔、鼻窦和喉腔后部也会增大。更粗的声带加上更宽敞的空间引起共鸣，从而产生更深沉的声音（比较一下低音提琴和小提琴吧，类似的道理。）。当一个青春期的男孩声音开始出现破音，这便是进入到一段发出令人尴尬的短促尖声以及未来的音高不可预测的变声期——这是由喉部软骨迅速扩大，喉部的肌肉在学习如何控制声带导致的。女性的声带相对较薄，也比较短——21毫米左右，在青春期只增长了24%——它们振动的速度比男性快（平均每秒振动200次，而男性平均每秒约110次），因此女性往往有着更高的音调。

睾丸是男性体内雄激素主要产生的场所。如果一个男孩在青春期前被阉割，他的喉咙就不会被正常青少年的高浓度雄激素所淹没。因此，他的喉咙会永远保持着幼稚的状态。在16世纪，女性不被允许参加舞台演出和教堂唱诗班，但又需要一部分人来唱女高音的声部，为了解决这个问题，一些小男孩被秘密实施阉割。由于手术是违法的，因此被谎称为一些奇怪的事故所导致。当他们长大后，这些拥有儿童大小的喉咙的成年男性可以发出高亢、灵活的声音，音域很广，并不符合自然现象，因经历了残酷的阉割才使他们变成这样，所以他们被称为阉人歌手。到了18世纪，因为阉人歌手的声音备受喜欢，以至于大多数唱歌剧的男性歌手都是阉人歌手。在那个狂热的时期，每年大概有4000个男孩被实施睾丸切除术。生于瑞士的作曲家和哲学家让-雅克·卢梭（Jean-Jacques Rousseau）在1775年所著的《音乐词典》（*Dictionary of Music*）中强烈抨击了这种可怕的做法：

> *在意大利，一些野蛮的父亲为了金钱而违背自然规律，允许他们的孩子接受这种手术，只是为了给那些塑造这些可怜声音的残忍的人提供快乐。*[2]

谢天谢地，这种“时尚”在19世纪初就基本上消失了。

*

每个人都有着相同的发声器官——喉咙中的两根声带。但是，为什么有的人发出的声音更好听呢？有的人一生下来就有一个共鸣箱（即他们的喉腔、口腔和鼻腔），其尺寸可以产生非常棒的声学效果。但是一个至关重要的因素是声带控制。毕竟，一个出色的歌手可以通过改变自己声带的位置从而产生他们想要的音效。发声练习，比如音阶，可以使你的大脑熟练掌握为了发出一个特定的声音，各个肌肉牵拉声带进入正确的位置的顺序。值得注意的是，你没法加强你的声带，它就像你的耳垂一样——不是肌肉。发声练习加强的是你的大脑和这10块小肌肉之间传递信息的能力。当然，发声也并不是完全与声带有关，你还可以通过加强横膈肌（一种肌肉）以及调整姿势来增强对呼吸的控制。经过一定的练习，任何人都可以唱得好听。

是的，几乎是所有人都可以做到。

大约有4%的人存在一种问题叫作先天性失歌症。播放没有歌词的《生日快乐歌》他们听不出来，让他们指出《平安夜》中一个错误的音符他们也指不出来。失歌症的患者无法识别音高，这本来应该是人与生俱来的能力。当扬声器里播放不和谐的曲调时，婴儿通常会强烈地扭动身体同时移走目光，但播放音调和谐的音乐时，他们会保持不动，着迷地盯着扬声器。对于96%的非音盲的人来说，我们从出生起就知道什么时候一个音符是错误的。

任何声音的产生都需要气体分子的振动来产生声波。当你发出声音时，你的声带会产生振动，并通常带动空气一块振动。我们呼吸的空气是含21%的氧气、78%的氮气和1%其他气体的混合物。但是，如果你的声带带动空气以外的气体振动会发生什么呢？像氦这样较轻的气体分子比空气中的气体分子运动速度更快。氦气通过声带后仍然以相同的频率振动，但此时产生的声波在氦气中的传播速度比在空气中快3倍。在任何以酒精饮料和氦气供应为特色的宴会上，都会出现刺耳的声音。理论上讲，氦气并不会让你的声音音调更高，因为音高是声带振动频率导致的。但氦气会改变你的声音的音色。同理，吸入像六氟化硫（SF_6）这样的高密度气体会使你发出令人愉悦的深沉的音色。六氟化硫是一种强效的温室气体，现在被大规模禁止商业用途，但它曾经存在于制冷剂中，以及在耐克鞋后面的“气垫”中，直到2006年才停止使用。

*

如果说教师、上校和足球教练有什么共同之处的话，那就是他们都要负责管理那些不守规矩的下属，所以他们经常需要大声喊。为了更大声地说话，肺需要产生更强的气流，把声带分开得更宽。这样，声带被拉紧，当它们并拢时会产生更高振幅的撞击。如果它们反复碰撞，就容易导致炎症发生，这种情况叫作喉炎。病毒或细菌感染也会导致类似的炎症，可能会涉及整个喉咙内的组织。胃酸反流到食管内并且溢到喉咙内也会导致喉炎。肿胀的声带移动缓慢，不能正确地并拢或振动。发生这种情况时便出现声音嘶哑或失声。直到声带黏稠的附着组织愈合以及气流控制正常，声音嘶哑的情况才可以得到缓解。

反复过度使用声带的人，就像上面说的那些人，声带上会出现结节，这阻止了声带的正常闭合，赋予声音一种急促、刺耳的克林特·伊斯特伍德（Clint Eastwood，美国著名演员）般的品质。手术切除结节是有风险的，因为手术可能会留下疤痕，并且可能给声带造成不可挽回的损伤。歌手兼演员朱莉·安德鲁斯（Julie Andrews）就曾有过这样的经历，她在1997年接受声带外科手术后就无法再唱歌了，她为此还对她的外科医生提起了渎职诉讼。

永久性失声会发生在喉切除术后，即通过手术切除整个声带。喉癌是进行这种手术最常见的原因。大约95%的喉癌患者都是吸烟者。香烟烟雾中的致癌化学物质会使喉部的细胞发生突变。如果反复吸入致癌的烟雾刺激喉部细胞，一旦其中一个发生了突变便有可能生长成为肿瘤。

医生用“吸烟年包数（包年）”来作为一个人吸烟量的标准。如果你每天吸一包烟（每包20根）吸了50年，那么你便有了50包年的吸烟史。如果你每天吸半包烟吸了50年，那么你的吸烟史为25包年。我遇到过的吸烟史最长的是一个65岁的男人，他的吸烟史是200包年——从15岁开始每天吸5包（他并没有死于与吸烟有关的癌症简直是个奇迹）。20包年的吸烟史就会使你患喉癌的风险增加3倍，40包年吸烟史则会使患癌风险增加8倍。

做过喉切除术的患者没有了声带，就没法振动声带产生声音了。但可以安一个电子喉咙替代声带：一种大约玛氏棒大小的振动装置，把它压在下巴下面时，它会抖动喉腔，以提供正常情况下声带所产生的振动。经过长时间的训练，患者可以通过舌头和嘴唇进行人为的振动。缺点是，这样产生的声音听起来像机器人的一样不自然，该设备永远无法实现精细地控制声带，无法像附着的10块小肌肉那样通力协作产生微妙的振动。

使用电子喉咙需要付出大量的努力，由此产生的声音也很难让人接受。那么，为什么不移植一个喉咙呢？逝者可以捐献心脏、肝脏以及肾脏，为什么他们的喉咙不能捐献呢？嗯，这里面有很多原因。首先，从外科医生的角度来看，颈部是富含动脉和神经等关键与复杂结构的雷区。在这样的结构中，喉咙移植将是极其烦琐的，而且可能是致命的。其次，受者必须服用免疫抑制药物，以防止他们的免疫系统排斥来自他人的喉咙。另外，需要进行喉部切除术以切除肿瘤的患者寿命通常有限，浪费他们剩余的生命让他们从另一个大手术中恢复身体并没有给这些患者提供最大利益，而且肿瘤可能会在移植的器官上重新生长。最后一点，喉咙并不是一个非常重要的器官，不像心脏或者肝脏，没有喉咙你也可以生存。而且，允许进行一个必要性不高、危险系数还很大的手术在伦理学上也存在争议。

由于上述种种原因，只有少量的喉咙被移植过。第一次喉咙移植手术于1998年在克利夫兰诊所进行，手术经过记录在《新英格兰医学杂志》（*The New England Journal of Medicine*）中一篇题为《喉部移植——一个为自己发声的案例报告》（*Transplantation of the Larynx——A Case Report That Speaks for Itself*）的报告中[3]。接受手术的患者是40岁的蒂姆·海德勒（Tim Heidler）。过完21岁生日后的第一天，蒂姆骑着摩托沿着道路行驶，喉咙被两棵树之间的一根钢绳割破，受到了不可逆的损伤。在接下来的20年中，他依靠电子喉咙来说话。在听说医生正在寻找一名病人作为移植喉咙的先驱后，他立即报了名。蒂姆是一位理想的移植手术受者，因为他发声功能的丧失是由于创伤而不是癌症，并且他愿意接受手术所带来的风险以及后续持续不断的药物治疗。手术三天后，蒂姆说出了他20年来的第一次独立发出的声音："你好。"在接受了移植手术后，蒂姆的生活质量得到了极大的改善。他这样描述曾经的生活：

> *没有交流，什么都没用。这就是为什么很多接受喉部切除术的患者都待在家中的原因。他们不出门，只是呆呆地坐在家中，什么都变得毫无意义。这让他们的心情十分沮丧。*[4]

蒂姆在移植喉咙之前就失业了，而手术后，他成为了一名励志演说家。

总结：呼出的空气通过声带使它们振动并产生声波，这是声音产生的基础。如果声带因为过度使用或感染而发炎，就无法正常发出声音，因为肿胀的声带不能正常地振动。

知识链接

好声音可以被移植吗?

尽管存在伦理和外科手术技术上的风险挑战，想象一下：在移植了大卫·阿滕伯勒（David Attenborough，被视为国宝的英国广播公司播音员）的喉咙后，你的花园里的鸟类该有多么的快乐。或者在移植了斯蒂芬·弗莱（StepHen Fry，英国著名主持人）的声带后，你也可以出色地朗读。不幸的是，即便你得到了他们的同意，这种移植也只会赋予你一个不同的声音，而不是他们那样悦耳的男声。

就像一个好的公关代理，你的声带所能做的就是产生嗡嗡的声音。你独特的音色是这种嗡嗡声在你的口腔、鼻腔和鼻窦中回响的结果。举个例子，当鼻子被阻塞时，你的声音会发生什么样的变化？这样看来，要想“移植一个音色”，恐怕需要进行整个头部的移植。

你的软腭、舌头和嘴唇的形状和位置进一步调节了你的声音。为了证明这一点，试着说一下“咔”“嗒”“啪”。这回明白你需要如何分别使用这3个结构来发出这些声音了吗？一个以英语为母语的孩子在咿呀学语时就尝试进行这些动作，并最终学会了产生英语所需的语音，叫作音素。希腊语的音素大约只有英语的一半，而在纳米比亚和博茨瓦纳等地数千人使用的宏语（Taa）有超过100个音素。如果你的母语中没有特定的音素（对于说英语的人，想想法语中的“r”和“trois”，或者德语“Achtung”中的“ch”），那么对这些韵律不熟悉的发声器官就可能很难发出正确的读音。

英语“喉结”一词与圣经故事

喉结这个词在英语里叫作“Adam’s apple”（亚当的苹果）。这个名字来源于后人对圣经中一个故事的解读：在蛇的引诱下，夏娃偷吃了伊甸园中的苹果，还诱使亚当一起吃。果肉在亚当的喉咙处堵塞并留下了结块，也永远提醒着后人他们不正当的行为。但是食物是要进入食管的，即气管后面的那根管子，这说明着亚当吃的苹果进入了错误的管道。此外，圣经中从未规定苹果是禁果。1895年，解剖学家们引入了中性术语“喉结”，这没有与古老寓言相违背，并迅速转变了之前的说法。

为什么人类会被噎住?

一只瞪着眼睛的狮子被吞下的瞪羚噎住的画面想起来很

搞笑，事实上，只有人类才会被这样的情况困扰。但为什么人类容易被噎住而狮子永远不会被噎住呢？其他动物，比如说狮子，都有明显分开的运输空气和食物的管道，而我们人类在食管与气管的分叉点只有一个脆弱的活动门（会厌），以阻止食物进入到我们的肺部。这似乎是进化上出现的错误，但是将喉咙从口腔后部下降至颈部对我们发声至关重要。这使得声带的振动并不是简单地通过嘴唇发出咕哝声，而现在，我们嘴唇后边有了一定的空间可以对声音进行修缮。此外，由于舌头覆盖在喉咙之上，它可以塑造呼出的气流，产生不同的声音——语音。虽然鲨鱼可能不会因为吞食海豹而被噎死，但是它肯定不会说话。

在你觉得自己非常容易被噎住之前，想一想蜥蜴吧，它们在进化上更不幸。一只奔跑中的蜥蜴身体会左右剧烈地摆动。在跑步时，这种摆动意味着让空气在肺部之间分流，而不是被呼出和吸入。换句话说，蜥蜴不能同时奔跑和呼吸。注意观察一只蜥蜴，你会注意到它跑步时会周期性地暂停——它停下来可不是在沉思，它只是停下来呼吸而已。

自吹自擂

对着一个管状物（比如一桶卫生卷纸）说话，你的声音会被放大，因为增加了气流传输的长度，增强了声音的回响。铜管乐器就是这个原理。大号长达数米的管道使其可以产生深沉的声音。如果你费力拆开一只法国号（如果你曾经学过它，可能会倾向于这样做），它只能伸展3.7米长，因此它产生的声音音调更高。铜管乐器演奏者通过改变嘴唇的形状或者呼出气体通过的管道长度来产生不同的音符。按下铜管乐器上的一个键，就会打开一个分流空气的通道。空气通过较长的管道振动会产生更深沉的音色。

让我们再把目光转向自然界。一只鸟的喉咙位于气管底部，而并不是像人类那样位于气管上边。这意味着它们声带振动产生的声波在离开鸟喙之前通过更长的管道进行传播，让鸟类产生低沉的喇叭声。以号声极乐鸟为例，这是一种小鸟，黑色的羽毛中透着彩虹色。它的气管不是一根直管，而是在胸部形成一个长的卷曲，总共有6个环。这种附加结构使它能发出一种极其深沉的、嘹亮的叫声，但听起来一点儿也不像小号。下面是我整理的一些关于铜管乐器的认知错误：

1. 法国号不是法国人发明的，而是由德国人发明的。

2. 次中音号发出雷鸣般、种类丰富的声音，但是它的英文名字（eupHonium）代表的含义却是“甜美的声音”。

3. 并不是所有铜管乐器都由黄铜管所制成（比如山笛是由木头制成的）。

4. 女性的输卵管实际上应该叫作输卵管道。因为它们与铜管乐器相似，16世纪的解剖学家加布里瓦·法罗皮奥（Gabriele Falloppio）将这些宽大的管道命名为从卵巢到子宫的“大号”。在意大利语中，“大号”（tuba）的复数形式就是“管道”（tube）。而英语阅读者错误地把“tuba”的复数认为是英语中的“管道”，于是，法洛皮奥的大号就永远变成了“管道”。

参考文献

[1] Periscope: Surgery. British Foreign Medico-chirurgical Review, 5 (9), 260 - 261 (1850).

[2] Rousseau, J. J. Complete Dictionary of Music: consisting of a copious explanation of all words necessary to a true knowledge and understanding of music. Translated by Waring, W. AMS Press (1975).

[3] Monaco, A. P. Transplantation of the Larynx - A Case Report That Speaks for Itself. New England Journal of Medicine, 344 (22), 1712 - 1714 (2001).

[4] Whitley, M. A. Tim Heidler, world’s first larynx transplant recipient at Cleveland Clinic, is doing well: Whatever happened to …?. Cleveland.com (8 June 2009).https://www.cleveland.com/metro/2009/06/tim_heidler_worlds_ first_laryn.html.

胃酸反流

pH 低的液体是如何引起剧烈疼痛的呢?

1822年6月，18岁的亚历克西斯·圣·马丁（Alexis St. Martin）在美国毛皮公司当船员。他每天都在北美的水域中捕猎各种毛茸茸的哺乳动物。6月6日，圣·马丁在密歇根州休伦湖的麦基诺岛的一家商店里打发空闲时间。一个笨拙的猎人手里拿着一支上了膛的火枪走进商店。他侧身走到圣·马丁跟前，在不到1米的地方，枪走火了，直接打在了圣·马丁的肚子上。火药和铅弹的爆炸造成了“穿孔……火药直接进入了胃里”。[1]

上述内容是由27岁的威廉·博蒙特（William Beaumont）医生提供的，他是一名驻扎在附近的美国陆军外科医生，事件发生后他被请过去治疗圣·马丁：

> *事故发生后约30分钟，我看见了他，经过检查，我发现一个像火鸡蛋大小一般的肺组织，通过外伤口向外突出，伴有撕裂伤和烧伤。在这下面是另一个突出物，经过检查是一部分胃组织……他早餐吃的食物都从一个大的孔流了出来。*

博蒙特为圣·马丁提供了紧急救助，并对他进行了护理照料。起初，圣·马丁吞下的食物都会从伤口处溢出来。博蒙特指出：“当时维持他生命的唯一方法是进行直肠内营养注射。”直到17天后，用棉布堵住枪伤伤口，食物才可以停留在他的胃里。伤口一愈合，圣·马丁就留了一个瘘管：皮肤上的一个“大约1先令大小”整洁的洞口，直接通向他的胃。这件事让博蒙特察觉到了一个机会：

这个病例为研究胃液的产生与消化过程提供了一个良好的机会。每隔两三天抽取一些液体不会为患者带来痛苦，也不会引起不安的情绪，因为它经常会自发地流出。研究人员可以将各种可消化的物质引入到胃中，并在整个消化过程中很方便地检查它们。[2]

博蒙特的许多实验（有238个左右吧）都是在检查圣·马丁吃饭后的一段时间胃里的内容物，并不是所有的食物都是吞咽入胃的。有时博蒙特会把一个装满食物的带拉绳的细布袋直接通过瘘管塞到圣·马丁的胃中。他会定期通过拉绳把袋子拎出来，以检查食物的消化过程。在手术过程中，圣·马丁乳房的部位很明显地感觉到痛苦和难受。用来测试的菜单很丰盛，包括“近期腌制的瘦牛肉”“8盎司牛犊腿肉冻”“三个熟苹果”“生牡蛎”。摄入这些食物后每隔几小时，博蒙特就会检查圣·马丁的胃内容物。例如：

早上8时30分。圣·马丁吃了面包、黄油和1品脱咖啡。9时45分仔细检查时胃里充满了液体。10时再次检查，取出一部分颜色和

性状都很像稀薄的粥一样的液体，黄油漂浮在液体表面，一些小粒面包和一些黏液沉到底部。大约2/3的食物被消化掉了。这种液体具有一种强烈的酸味。[1]

没错，博蒙特经常品尝圣·马丁的胃内容物，并记录了他的发现：

实验11：晚上10时，禁食18小时后，下导管，抽取1.5小时的胃液。它很清澈、很透明，味道有一点儿咸和酸。

采集的胃液样本被装入一个杯子当中，用来消化食物。这打破了长期以来学界的一份执念，即消化是胃肠运动的机械效应。事实上，它主要是由胃酸参与的化学反应。博蒙特发现，“剧烈的运动”会导致“消化迟缓”，他还对胃的大小和形状发表了评论：

当完全空的时候，胃会收缩，有时会穿过瘘管，形成像鸡蛋一样大的突起。

博蒙特似乎很喜欢用鸟类的蛋来描述物体。

起初，圣·马丁非常感谢博蒙特的治疗与照顾，并完成了他幻想中的实验。但在经过10年断断续续的实验后，这种新奇感已经消失了。1832年，博蒙特让不识字的圣·马丁签了一份合同，要求他参加“他的胃的展示”以及任何“博蒙特进行的关于圣·马丁的胃的生理或医学的实验”，作为报酬，圣·马丁会得到微薄的薪水以及食宿条件。[3]

两人在1834年决裂。1880年，圣・马丁因在薄冰上滑倒后摔伤头部而不幸去世，这或许是他与博蒙特在道德伦理上不稳定的伙伴关系的一个恰当的隐喻吧。

*

前面的事例中提到圣・马丁的腹部中了枪，你能知道这个腹部到底是指哪个位置吗？我猜想你一定会指着肚脐附近的某个位置。但错了，圣・马丁的伤口实际上是在他的左乳头下方约5厘米处。左侧肋骨下面是胃，而右侧肋骨下方对称的位置是肝脏。重申一下，两个器官都位于肋骨下。脾脏位于胃的左侧。胃的后面是胰腺，像一个黄色的疣一样的管状器官覆盖在椎骨上。肾脏也位于脊柱的两侧，很大程度上被胸腔保护着。

有一个关键的信息是，许多腹部脏器的位置比你想象中要高得多，大多由胸腔保护着。在人们通常的认知当中，胃所处于的柔软腹部区域实际上被7.5米左右长的肠子所占据。

胃每天会产生2升左右的胃液。胃液是一种透明的液体，主要成分是水和电解质，如钠和钾离子，还有一定量的酶类（帮助消化的化学物质），其中最为重要的成分是盐酸。胃液的酸度非常有用，它会杀死你食物中的微生物，分解那些你懒得慢慢咀嚼的大块坚硬的食物，并帮助你吸收某些营养物质，如钙、维生素B_{12}和铁。

秃鹫可以吃腐烂发臭的食物而不会中毒，因为它们胃液的腐蚀性即酸性，比人类的酸性强10～100倍。在如此极端的酸度下，引起肉毒毒素中毒、炭疽病、霍乱和狂犬病的病原体即使不小心被摄入，也会在极高的酸度下死亡。与秃鹫完全相反，食蚁兽这种生物自己懒得制造胃酸，它们只是利用吞食的蚂蚁体内的甲酸，当食蚁兽咀嚼蚂蚁时，蚂蚁体内的甲酸就会释放出来。

为了防止胃酸消化胃组织自身，胃壁上存在一层厚厚的碱性凝胶。构成胃壁的胃黏膜上皮细胞紧密连接，就像瓷砖和砂浆墙那样，有效地阻挡了酸液的外溢。黏液层和上皮无间隙的物理屏障意味着你可以吞食并消化牛的胃（如毛肚），但你并不会消化自己的胃。同样的道理，你也可以吞食和消化另一个人的胃，但这只是从理论上说而已，否则就是犯罪了。

在两餐之间，胃液的pH会降到1——比电池的酸度还要略低一些。如果你把胃液滴在手臂上，你的皮肤就会被溶解。当进食时，进入胃中的食物和唾液会稀释你的胃液，使pH增加到4左右（与酸雨或番茄汁的pH大致相同）。

聪明的胃有好几种方法可以提高酸的产量，使胃液的pH恢复到更有效的大小。首先是先发制人：当你闻到、看到或仅仅是想一种美食时都会刺激胃液的产生。接下来，当食物进入你的胃中，胃壁内被称为“G细胞”的细胞会释放一种叫作胃泌素的激素（G细胞中的G代表胃泌素）。胃泌素告诉胃内负责产酸的腺体产生并分泌更多的酸。最后，你的胃扩张以容纳胃中的食物，这使得胃进一步释放更多的胃泌素。你的胃是真的会被拉伸。胃空时，它的体积大约80毫升（如果换了博蒙特，我想他可能会拿鸭蛋大小进行比较吧），进食后它可以迅速膨胀，最大可达50倍，容积扩展到令人难以置信的4升，并突出到骨盆处。

虽然胃是耐酸的，但你肠道的其他部分却不是。食物通常会在胃酸浴中浸泡大约4小时。胃壁的平滑肌收缩，促使胃收缩将食物分解为一种叫作乳糜的泥浆状物质。胃把这种酸性食糜排入小肠当中，小肠的第一部分叫作十二指肠（来自希腊语，意思是十二根指头那么长，因为事实上它真就那么长）。正如1987年发表的论文《碱性分泌》（*Alkaline Secretion*），作者在文章中说，食糜的酸性为十二指肠“提供了巨大的挑战”。[4]正如你从这篇论文的标题中猜到的那样，十二指肠可以通过分泌一种物质——一种碱性的黏液——来保护自己免受酸性食糜的烧伤。这个词基本的含义是：它是碱性的，并且成分很简单，只有黏液和碳酸氢盐。碱性的黏液为十二指肠提供了一层保护涂层，就像保护胃的黏膜那样的保护层。但是你的胃肠道不能持续制造太多的保护黏液直到肛门。所以，这就需要食糜自身由酸性变成中性。

值得庆幸的是，当食糜进入十二指肠中时，它会遇到胰腺产生并分泌的碱性胰液。由胆囊分泌的胆汁（pH为8）提供了另一种天然的抗酸剂。这两种液体都通过十二指肠壁上的肌肉环进入十二指肠，称为Oddi括约肌。*与这些碱性液体混合后，食糜的pH大小从能够造成肠道穿孔的pH2上升到对肠道无害的近乎中性的pH6。食糜的酸性被中和了，这些半消化的食物可以通过肠道的其他部分而不会把它们烧出一个个洞。

*

为了到达胃里，食物必须穿过胸部和横膈膜。食物的输送管道——食管——在心脏和肺的后面，脊柱的前面。这个“前面”，我的意思是，食管平靠在脊柱前的降主动脉的旁边。如果你的胸椎骨折了，那么食管就会

* 它的发现者意大利的鲁格罗·奥迪（Ruggero Oddi）（1864—1913）在1900年因“财政问题”和过度使用致幻剂导致进行诸多奇怪的行为而被免除了热那亚生理研究所所长的职务。

有被破骨碎片穿破的风险。穿过胸部后，食管穿过横膈膜上的一个孔，与下垂的胃囊相连通。从牙齿到胃的距离大约是40厘米。

盐酸是一种非常适合清洁瓷砖的材料。但食管并不是一块需要清理的瓷砖，相反，它是一个30厘米长的肌肉管道，有黏黏的内壁。理想情况下，胃酸应该在胃里。如果它向上进入食道下段，就会让你感觉到疼痛。这种疼痛通常是一种上升的灼烧痛，就好像酸从你的胸部往上涌一样——它确实也是这样的。

胃酸反流所产生的疼痛与心脏无关，但是如果被误判也是正常的，因为心脏病发作和胃灼热产生的疼痛感非常相似，都是胸骨后面的灼烧感。如何区分这两者非常重要，因为它们的治疗方法完全不同。当面对一个痛苦地捂着胸部的病人时，非急诊医生通常会做一个快速实用的实验，让病人吞下一管混合了抗酸剂的局部麻醉剂。如果病人是胃酸反流，这种混合剂会麻醉食管，痛感会消失；如果病人是心脏病发作，疼痛将会持续。

在人体内，任何控制液体流动的肌肉环都被称为括约肌。最为人熟悉的是肛门括约肌（你有不止一个肛门括约肌），它可以防止粪便和屁不自主地从体内排出。尿道括约肌对尿液的作用也是如此。血管中无数的括约肌相互作用使血液流向全身。为了防止胃酸反流，食管下括约肌发挥了巨大的作用。这个肌肉环位于食管底部，胃的贲门处，在吞咽之间维持食管下部的闭合状态。如果做一个侧身筋斗或倒立，它会紧紧锁住你的食管，以防止胃内的液体流出来。食管下括约肌意味着控制胃酸并不依赖于重力，因此倒置用餐的宇航员不会比我们地球人更容易发生胃酸反流。

胃酸反流是由于食管下括约肌发生故障，使胃液逆流到食管中。

你无法控制食管下括约肌，这是非自主的肌肉，就像肠道中那些平滑肌一样。你不能通过训练来加强它。有些人的括约肌天生就比较弱，使得他们容易出现胃酸反流。但大多数括约肌会因为其他因素而变得松弛。吸烟和饮酒不仅能麻痹你的思想，还能让你的食管下括约肌变得松弛。一些治疗高血压的药物可以通过扩张血管来降低动脉压力。它们的扩张作用也可以作用到你的食管下括约肌。富含油脂的食物已被证明可以使食管下括约肌松弛。不是通过给它涂上润滑油，而是通过触发影响肌肉功能的化学反应途径来发挥作用的。巧克力和薄荷也有类似的效果。

医生一般都会告诫患有胃食管反流病的患者不要吃辛辣的食物。这并不是因为这些食物会导致反流，而是因为含有辣椒的反流液流经被酸腐蚀的食管下段时真的很疼。

较高的胃内压可以抵抗食管下括约肌的收缩。一顿大餐后，胃内产生向上的压力会导致“呕吐嗝”，即胃内容物突破括约肌的枷锁。任何会导致增加腹压的情况，无论是怀孕还是冗余的脂肪，或者是穿紧身衣，都会引发通过类似的方式冲破括约肌的束缚导致的胃酸反流。即使是咳嗽、弯腰或用力排便造成的短暂性的腹部压力增加，都会导致括约肌松弛。

*

胃酸反流不仅很难受，它还可能引起严重的食管损伤。酸侵蚀食管壁，引起溃疡。愈合后的溃疡会形成坚硬的疤痕，让食管管腔变小，叫作食管狭窄。如果管腔非常小，食物可能会在到达胃的途中被卡住，导致哽噎。强劲的酸流可以到达喉后部，然后会溢到喉后部，引起慢性喉炎；或流入气管，引起持续性的咳嗽。

人的身体是善于适应反复的有害刺激的。比如，如果长久地赤脚走路，脚底的皮肤很快就会变厚，形成具有保护能力的老茧。再比如，举哑铃会撕裂肱二头肌中一部分肌肉纤维，它们会融合成更大、更强的肌肉纤维来应对损伤，通过这种反复的撕裂与愈合可以达到增强肌肉的效果。食管也可以适应胃酸反流造成的反复损伤。它的解决方法是将经常受酸侵蚀的细胞转化为更耐酸的细胞。事实上，在你的胃里也有同样的抗酸细胞。如果把相机深入食管中观察这些受酸侵蚀的组织细胞，会看到它们和胃一样呈现深红色，而不是通常那样的粉红色。我们把这种情况叫作巴雷特食管，名字来自澳大利亚外科医生诺曼·巴雷特（Norman Barrett），他在1950年首次描述了这种情况。但当时巴雷特错误地认为他看到的是胸部的胃疝，而不是发生改变的食管内壁。

虽然这种抗酸适应看似很有用，但问题在于，一个细胞发生突变后，它们并不总是会停止突变。突变导致细胞失控增长形成肿瘤。巴雷特食管的患者患食管癌的风险相较常人增加了30倍。为了降低巴雷特食管和相关癌症的发生风险，患有胃食管反流病的患者服用药物来减少胃酸的产生是非常重要的。如果反流液体酸性较低，食管下段的细胞就不太会受到损伤并发生突变。

患有胃食管反流病的患者无疑会比较痛苦。但是想想巨型乌贼，它们的食道穿过大脑中间的一个洞。它们进食时，必须把食物撕成一小块，以防止吞下一个比洞还大可能造成大脑损伤的对虾。如果我们患有胃酸反流，我们只会感到食道烧灼，但如果乌贼患了胃酸反流，它们一定会造成脑灼伤。

总结：胃里充满了酸性液体，这对杀死微生物以及消化食物等有重要作用。但如果胃酸通过一个松弛的食管下括约肌，其酸性就会烧灼食管内壁并引起疼痛。

知识链接

外科手术前为什么要禁食？

如果患者保持无意识和静息状态，手术更容易成功。因此，全身麻醉药物含有肌肉松弛剂和让人丧失意识的药物。由于负责呼吸的肌肉也松弛失效，所以需要插入一根管子连接到帮助呼吸的机器上。医生将患者松软的四肢固定在手术台上。这时患者的食管下括约肌也会松弛，所以胃酸反流几乎不可避免。因为完全无意识，所以患者不再像平时那样，当反流液流进气管时引起咳嗽。不仅呼吸道会被酸灼伤，当天吃的食物也可能会阻塞肺，并且肯定会引起肺部感染。这就是为什么医生总是告诉你手术前要禁食：因为空腹状态下，尽管麻醉时你会不可避免地发生反刍，但至少只是很小量的胃液（当然不会有一点儿食物）。

一种昂贵且可怕的死刑方式

胃酸反流会导致胸部有爬升式的烧灼痛。还有一种下降式的烧灼痛，那就是吞下液体金或其他熔融金属。罗马人、吉瓦罗部落的印第安人和西班牙检察官等人曾实施过这种可怕的死刑。这种方式为什么会导致人死亡呢？2003年，研究人员试图找出答案。[5]由于预算限制，他们使用了750克的铅代替黄金。研究员用一头被屠宰的牛来进行这个实验。当将450℃的温度熔融的铅从牛的喉咙倒入，结果有大量的蒸汽从两侧溢出。科学家们得出的结论是，这种死刑可能是蒸汽压力过大撑开了人的肺，让人在蒸汽作用下炸裂而迅速死亡。此外，他们还指出，如果蒸汽炸裂没有致死，熔融的金属凝固后也会阻塞喉腔，让人窒息而死。

罕见的分娩方式

反流让人很难受，但是并不像分娩那样痛苦，除非你是一只产卵的青蛙，因为有种青蛙分娩蝌蚪的方法就是反流。但这种青蛙现在已经灭绝了，可能就是由于这种可笑的不可延续的繁殖方式吧——雌性负责产卵，等待雄性授精，然后吞下整个受精卵。每个受精卵周围都含有一种像果冻一样的化学物质，可以抑制胃酸的产生。不幸的是，这种化学物质的产生需要一段时间，所以青蛙妈妈会消化它吞下的前半部分受精卵。在接下来的6周里，随着蝌蚪的孵化和成熟，青蛙妈妈那临时充当子宫的胃会扩张（蝌蚪的鳃黏液会抑制妈妈胃酸的产生）。最终，它会在几天内一次性地将所有成型的蝌蚪反流出来。如果青蛙妈妈受到了惊吓，它也会因此将它的孩子迅速地反流出来，这无疑很不好受。

参考文献

[1] Beaumont, W. Experiments and Observations on the Gastric Juice, and the PHysiology of Digestion. MacLachlan & Stewart (1838).

[2] Webster, J. A Case of Wounded Stomach. The Medical Recorder, 8 (1825).

[3] Horsman, R. Frontier Doctor: William Beaumont, America' s First Great Medical Scientist. University of Missouri Press (1996).

[4] Wenzl, E., et al. Alkaline secretion. Gastroenterology, 92 (3), 709 - 715 (1987).

[5] van de Goot, F. R. W. Molten gold was poured down his throat until his bowels burst. Journal of Clinical Pathology, 56 (2), 157 (2003).

咳嗽

“唯有咳嗽和爱无法隐藏。”

乔治·赫伯特（Geoge Herbert）

在我们这，医院会给咳痰的住院患者提供一个叫作痰杯的容器。我有一次难忘的夜班经历，我去看望一位患有肺炎的意识不清的老妇人。我每次去都看见她在喝一杯“茶”。当我意识到她把她的茶杯和痰杯弄混了的时候，我知道我已永远无法成为一名呼吸内科医生，或者，无法再吃蛋黄酱了。

人们的气管和鼻腔内覆盖了浓密的纤毛。每天，肺会产生15毫升（约1汤匙）的黏液，以黏附飘浮在吸入的11000多升空气中的尘埃。一种叫作纤毛的微小毛发不断地将黏液从气管深处流向喉咙后部，引起吞咽或咳嗽。鼻腔和喉咙的每个细胞大约有200根纤毛，每秒摆动10～20次。纤毛也可以在女性的输卵管以及男性的输精管中发现，作用是将排出的卵子运送到子宫，或者将排出的精子输送至尿道。

即使人死了，纤毛依然在顽强地摆动。它们是人体中最后一个停止活动的部分，在人死后20小时才能停止运动。在最终停下来之前，它们摆动的速度不断减小，但衰减的幅度可以预测。在犯罪现场，法医可以通过检查尸体鼻毛的摆动速度来推测其死亡时间。这比根据体温下降速度推测死亡时间更准确，因为体温下降的速度会受到天气和着装的影响。如果在烧毁的建筑物中发现了一具尸体，呼吸道检查也可以提供重要的线索。如果死者的呼吸道内充满了煤烟颗粒并且纤毛被烧焦，这就表明在大火肆虐时死者还活着，并且在呼吸，这可以证明死者是被火烧死的。但如果呼吸道内没有煤烟颗粒，纤毛完好无损，那么死者一定在大火发生之前就已经停止了呼吸，显然杀死他的不是火。

当呼吸道发生感染时，免疫系统会分泌更多的黏液。黏附其上的病原体无法增殖或入侵。额外说一句，1958年由史蒂夫·麦奎因（Steve McQueen）主演的科幻电影中的外星人，就采用了类似的技术来吞噬人类。痰是指从肺内产生的厚黏液，这与从鼻腔中滴下来的水状黏液不同。黏液生成细胞因为其形状类似于杯子而被称为杯状细胞。随着感染的发生，气管中杯状细胞的大小、数量和体积都会增加。纤毛摆动痰液，将它推向喉咙，让你咳出或者吞咽下去，然后病原体在胃液的酸性环境中死去。一些聪明的细菌，如百日咳鲍特菌*（它会导致百日咳），会释放出毒素，使纤毛麻痹，阻止痰液的清除。

咳嗽是肺部的基本防御机制。咳嗽时，强有力的空气喷涌使充满微生物的黏液从气道壁上分离，然后喷散到周围的环境当中。

无数的病毒和细菌可以在这片不起眼的黏液中迅速传播。当有呼吸道感染时，这些定期排出的黏液会减少肺部的微生物数量，减轻了免疫系统的工作量。咳嗽也可以清除吸入的异物。1924年，在一次攀登珠穆

---

* 鲍特菌是以比利时微生物学家朱尔斯·鲍特（Jules Bordet，1870—1961）的名字命名的，他于1906年发现了百日咳鲍特菌。百日咳在拉丁语中的意思是“重度咳嗽”和“持续百日”。

朗玛峰的探险中，英国登山家和外科医生霍华德·萨默维尔（Howard Somervell）突然出现了窒息的情况。他们喘着粗气，咳嗽了一声，最后把堵塞物吐了出来。仔细观察，原来是喉咙冻伤了，那块冻住的肉脱落下来堵住了他们的气管。

试图控制咳嗽是无用的，尤其是当一块冰冻的组织堵塞住气管时。这是因为咳嗽是一种反射——是身体在没有意识控制的情况下进行的行为。其他的反射包括打喷嚏、子弹接近时的眨眼等。当咳嗽感受器——呼吸道内超敏感的神经末梢——被物理或化学因素触发激活时，咳嗽反射就会发生。物理触发因素可能很微弱，比如吸入卡布奇诺或热巧克力上的可可粉所造成的微薄压力。不幸的是，来自不断生长的肺部肿瘤的压力也可以激活这些感受器。咳嗽反射的化学诱因包括吸入烟雾、氯气和剧烈回流的胃酸。在豚鼠身上进行的实验表明，非常咸的液体和辣椒中的化学物质也可以引发咳嗽。

一旦感受器被激活，它就会通过一条叫作迷走神经的神经向你的脑干传输信息。神经的名称来自拉丁语，意为“漫游”，因为它绕着你的器官迂回盘绕。如果从脑干开始跟随迷走神经进行旅行，你会看到它的分支穿过耳朵，环绕心脏、食管和肠道。迷走神经的兴奋都会引起咳嗽反射。耳垢嵌塞使你的鼓膜发痒，触发迷走神经的分支（被称为阿诺德氏神经*，由此产生的咳嗽被称为“阿诺德氏神经耳朵咳嗽反射”）从而使你咳嗽。心内膜炎，甚至是轻微的胃酸反流（胃酸不一定要流入气管才引起咳嗽，

---

* 弗里德里希·阿诺德（Friedrich Arnold，1803—1890），海德堡解剖学教授，他通过尸体解剖发现了从脑干发出的迷走神经的走行。

仅仅是溅起点儿液滴刺激迷走神经的食管下分支就会引起咳嗽）也都引起咳嗽。

一旦脑干接收到了迷走神经传输来的信息，咳嗽感受器即被激活，你就没有回头路了。脑干是负责协调的部分（不是大脑，记住，你不能有意识地控制咳嗽）。首先，胸部扩张，膈肌下降，在负压作用下肺部会吸入几升的空气。为了能吸入空气，你的声带和会厌，即呼吸道上的开关，会迅速关闭。接下来，腹肌和胸壁肌肉收缩，迫使你的内脏后移，挤压肺。这使得储存在肺内的1升多的空气被压缩在一个小好几倍的空间中，肺内压力迅速升高。最后，声带和会厌迅速扩张，以接近每小时80千米的速度释放出被压缩的空气。当空气以比大黑狗奔跑更快的速度穿过你的呼吸道时，它会发出一种恰如其分的吠声——咳嗽。

咳嗽能力太弱而无法排出误吸的食物可能是致命的。回想一下，咳嗽的第一阶段是深吸气。但如果有一块牛排阻塞了你的气管，深吸气是不可能实现的。

有人发生窒息时，可以让他有意咳嗽几下，并且拍打其后背。当然这么做如果依然没什么效果，那么就进行海姆立克急救法：站在患者的身后，在他们的肚脐上方握拳，用另一只手抓住拳头，然后用力按下。海姆利克急救法因其发明者而得名。在他创造了与他同名的这个急救技术的42年后，96岁的亨利·海姆利克（Henry Heimlich）医生利用他发明的急救技术挽救了养老院一位窒息的老人。唉，海姆立克急救法只有在身边有一个热心肠的人时才能实施奏效。每年新年的时候，都有个别的日本人被糯米饼噎死。有关部门发布年度公共服务公告，警告老年人应细心咀嚼糯米团："不要在独自一个人时吃。"在一个孤独的除夕夜，没有人救你，被糯米团噎死，真的是最令人沮丧的死亡方式之一。

*

长期以来，人们一直认为，一个医术高明的医生可以根据咳嗽的声音来诊断出疾病。有些医学书依然引用这些古老、无用的描述：“海豹鸣”式的咳嗽是典型的义膜性喉炎（一种上呼吸道病毒感染）；听起来像加拿大鹅的是图雷特综合征引起的咳嗽；婴儿“断断续续地咳嗽”表明存在衣原体肺部感染；吸气性的“哮喘”表明可能存在百日咳鲍特菌感染，尽管有一半的患者没有太大的“咳喘声”。我认为这些描述对诊断很少有帮助，我还没有听过任何一个医生根据这些对病人做出诊断。相反，最有用的描述实际上是区分咳嗽为干的还是湿的。

干咳通常是由引起上呼吸道感染的病毒当中的一种——鼻病毒引起的普通感冒导致的。吸入的病毒进入气管上皮细胞，劫持细胞当中的资源进行自我复制，然后裂解细胞。在这个过程中，它们会在感染邻近细胞之前杀死该细胞。一个接着一个，气管内膜被侵蚀，暴露出咳嗽感受器。暴露后，这些感受器在最轻微的刺激下就会产生强烈的兴奋。炎症引起的水肿造成的压力会引起咳嗽，比如病毒分泌的化学物质、免疫反应以及死亡的细胞。

湿性咳嗽经常是不正常的情况下发生的。一定是什么东西导致了过量的黏液产生，可能是感染、异物或是慢性炎症。有种说法是咳痰时吃乳制品会增加黏液分泌，这是假的，并不是说类似酸奶的奶油会增加杯状细胞的分泌。

医学生上学时都学过要了解病人咳痰的颜色。我从来不想知道到底他们的痰是什么颜色的，但是工作时按照要求不得不去这么做。中性粒细胞是“白色”的血细胞，由于髓过氧化物酶的存在，实际上会带点儿绿色。嗜中性粒细胞参与对抗严重的呼吸道感染。在感染后不久，你的免疫系统还没有时间招募中性粒细胞，痰就已经开始清理入侵的病原体了。当中性粒细胞少量增高时，痰就会变成浅绿色，混合在闪亮的黏液中通常看着是黄色。随着感染的发展，中性粒细胞的浓度达到峰值，产生更多的髓过氧化物酶，这时的痰真正变成绿色。细菌与病毒引起的感染中性粒细胞都参与这个过程，所以，患者咳黄色或绿色的痰只是表明可能存在感染，但并不能说明是否需要抗生素（因为抗生素只能杀死细菌）。

其他颜色的痰对诊断也有帮助。红色的痰代表着呼吸道出血。通常，出血是由感染引起的轻微的呼吸道侵蚀所造成的，但也可能提示更严重的情况（比如肺癌已经浸润血管深部，或存在不断生长繁殖的结核杆菌）。大量吸烟摄入的焦油会使痰液变成黑色或棕色。乳白色的痰则提示存在慢性持续性的非感染呼吸道炎症（如哮喘或慢性阻塞性肺疾病等）。这种情况下，中性粒细胞不参与炎症反应（所以痰不是绿色的），但炎症吸引其他类型的白细胞使得正常透明清澈的黏液变浑浊。紫色、橙色和蓝色的痰是由患者样本的污染造成的，比如他们吃了某种颜色的冰棒（儿科病房的患者很让人头疼，所以冰棒经常被用来贿赂这些小患者，以便让他们同意做血液检查）。

吸入粉尘会导致多种肺疾病。灰尘滞留在肺泡深处，引起炎症，导致咳嗽、呼吸困难和肺部疤痕增生。这些疾病大多与特定的粉尘接触吸入有关，由此也出现各种疾病名称：

- 饲鸟者肺（吸入鸟的粪便与羽毛）

· 干酪洗涤者肺（冲洗发霉的奶酪）

· 农民肺（吸入发霉的稻草）

· 热浴盆肺病（吸入充满微生物的蒸汽）

· 酱油肺（吸入酱油发酵剂）

· 蕈工肺（吸入蘑菇的孢子）

· 还有一种荒谬可笑的特例：日本夏季房肺（潮湿的垫子和木材引起的）

“风笛肺”一词是在2016年被创造出来的，当时一名61岁的风笛手死于隐藏在风笛中的真菌引起的肺疾病。他的病史为医生提供了一个重要的提示：他在澳大利亚的三次度假中没有接触风笛，症状便迅速地改善。当他回到英国继续演奏时，他的呼吸状况迅速恶化。为了寻找原因，医生们擦拭了风笛的吹口和潮湿的内袋。他们发现了许多真菌，风笛手每次吹奏时都会吸入这些真菌的孢子。

除了罕见的真菌疾病，音乐家通常会有一个健康的肺，但观众并不一定。奥地利钢琴家阿尔弗雷德·布伦德尔（Alfred Brendel）曾威胁过他的观众：“要么你别咳嗽，要么我停止演出。”在2012年发表的一篇论文中，德国学者安德烈亚斯·瓦格纳（Andreas Wagener）试图运用行为经济学原理解释“音乐会咳嗽”的现象：

> *音乐会礼仪要求，在古典音乐会上观众要避免出现咳嗽等不正常的噪声。然而，音乐会上的咳嗽比其他地方发生的更频繁，这意味着有些人故意违反音乐会礼仪。*[1]

瓦格纳总结得出的结论是："在音乐会中，咳嗽更频繁且是有意而为的。"参加音乐会的观众平均每分钟咳嗽0.025次，这意味着每天会咳嗽36次，这是平均次数的两倍之多。咳嗽在整个表演过程中也不是均匀发生的：它在较安静、较慢的演奏中发生的频率会增加。瓦格纳认为，咳嗽可以让人们"参与"音乐会，以努力"传达声望和地位，允许划分和包容，产生一致性，并肯定个人与社会的价值观"。

总结：咳嗽是一种从肺部排出异物的反射。异物可能是大物体（糯米团）或小物体（如悬浮在黏液中的细菌）。咳嗽可以让肺部排出一切，除了空气。

知识链接

文学作品中的陈词滥调

契科夫之枪理论是戏剧创作中的一个原则，他认为："如果在第一幕中看到枪，那么在遵循传统的三幕结构的故事中，它应该在第三幕中被使用，否则就别把它放在那里了。"在一些文学作品中，咳嗽算得上是契科夫之枪理论的医学版本：一名经常咳嗽的人物角色最终都会死。亚历山大·小仲马（Alexander Dumas）在他1852年写的小说《茶花女》中首次使用了"咳嗽的悲剧女主人公"的形象。玛格丽特（Marguerite）在第9章中开始咳嗽：

晚饭快结束时，玛格丽特咳嗽得比我在那里时她任何一次的咳嗽都要厉害。她的胸部好像被撕成两半。可怜的姑娘啊，脸涨得通红，痛苦地闭上眼睛，把餐巾放在嘴边。白色的餐巾被一滴血染脏了。

玛格丽特在第17章时去世了。除此之外，在文学史上有很多这样的人物，一群脸色苍白的妇女手持花边的手帕，随后开始咳嗽并最终死去：普契尼的《波西米亚人》中的咪咪（Mimì，在第三幕中咪咪开始“咳嗽”，然后在第四幕死亡）；维克多·雨果的《悲惨世界》中的芳汀（Fantine，她不承认她有轻微的“咳嗽”，但在第一幕结束时她就死了）；夏洛蒂·勃朗特的《简爱》中的海伦（Helen，在第八章中，海伦“呼吸急促，快速地咳嗽了一声”，结果她死于第九章）。

这意味着上述每位角色都患有肺结核。咳嗽、盗汗和体重减轻是该病明显的迹象。实话实说，19世纪时，肺结核导致了欧洲1/4的人死亡，所以作者自然而然塑造这样的人物形象时会这样描述。

参考文献

[1] Wagener, A. Why do people (not) cough in concerts: the economics of concert etiquette. ACEI Working Paper Series (2012).

消化道

恶心与呕吐

为什么你的大脑认为吐出来是在救你的命?

宇航员需要在减重飞行器上进行训练，为未来无重力的环境做好适应与准备。这些飞行器让宇航员体验到失重的感觉，也经常体验到呕吐的滋味。因此这些飞行器也被比喻为“呕吐彗星”。飞行器不会离开地球的大气层，但它们的飞行路径呈抛物线形——重复进行45度的上升和俯冲——可以实现短暂的失重状态。每一次上升或俯冲持续65秒，平稳滑行时间持续25秒。如果你觉得行驶一次抛物线轨迹已经很糟糕了，那么飞行员训练时通常需要进行30～40次这令人反胃的动作。美国宇航局低重力计划的前首席测试主任约翰·亚尼克（John Yaniec）声称，体验过“呕吐彗星”的人都会感到恶心：“1/3的人会剧烈呕吐，1/3的人会轻度呕吐，1/3的人则完全不会呕吐。”[1]由于工作要求，亚尼克需要经历31000个抛物线的行程训练，但幸运的是，他自己属于完全不会呕吐的那1/3。

尽管接受了“呕吐彗星”的训练，但在航天器在轨运行的头几天里，大约70%的宇航员会患有不同程度的太空疾病或太空适应综合征。没有重力的吸引，宇航员进入了一个令人反胃且混乱的世界，在那里没有上下方向的概念。1961年，苏联宇航员盖尔曼·泰托夫（Gherman Titov），人类历史上第二位绕地球飞行的人，成为历史上第一位在太空中呕吐的人，这让宇航病浮出了水面。当太空舱Vostok-2从助推器上分离出来后，泰托夫陷入了失重状态，他感到一种好像在旋转的错觉：“我突然觉得我好像翻了个筋斗，然后双腿向上飞了起来。”绕着地球飞了几圈后，他呕吐了。

除了分不清上下，宇航员还会产生四肢缺失的错觉。你的肌肉、关节和肌腱含有检测拉伸的感受器。例如，你的二头肌有多绷紧或者你的肘部弯曲的角度是多少，你的大脑根据拉伸感受器的反馈就可以在你心里确定四肢的位置，而不用你亲自去看。这种能力叫作本体感觉，它可以让你走路时不必看自己的脚，或者可以闭上眼睛也能摸到自己的鼻尖。但是，如果没有重力拉伸刺激四肢的拉伸感受器，它们的本体感受数据就会掉线，对手臂和腿部的位置感觉可能会消失。一位阿波罗号的宇航员讲述了他曾经令人不安的经历：

> *在太空的第一个晚上，当我渐渐睡着之后，我突然感觉我好像失去了我的胳膊和腿。尽管我心里清楚这是不可能的，但是确实感觉不到它们在那里。不过，当我下意识地命令一只胳膊或一条腿移动时，它立刻又出现了——但当我放松时，它又消失了。*[2]

由于缺乏上下方向概念，甚至有时明显有缺乏四肢的感觉，所以太空病很让人焦虑。值得庆幸的是，宇航员通常会在几天后就适应这个令人焦虑的环境。但是，有一个人肯定不太适应太空旅行，他是犹他州参议员杰克·加恩（Jack Garn）。1985年，时年52岁的加恩被邀请乘坐发现号航天飞机，他成为第一位前往太空旅行的现任国会议员。他在此次任务中的角色是成为太空病实验的小白鼠。4月12日发射后，加恩就开始感到不舒服。由于加恩因恶心和呕吐丧失了行动的能力，于是实验被搁置了。8天后，他们着陆了，加恩需要外界帮助才能从飞船中出来。这是加恩唯一的一次太空飞行，尽管他在美国宇航局的职业生涯很短暂，但他的名字仍然以另一种形式存在，一种量化宇航病程度的非正式方法。NASA的内科医生罗伯特·史蒂文森（Robert Stevenson）解释说：

> *……加恩在宇航员大军中取得了一个成就，因为他代表了任何人都有可能达到的程度最严重的宇航病，所以最严重的宇航病和丝毫不发生宇航病的标志就是一个加恩。如果有那么高的话，大多数人可能会在1/10加恩左右。*[3]

只不过在太空中，没人能听见你想要一个桶。

*

呕吐，它的一切都很让人厌恶：它的质地、颜色、味道、喷溅进马桶的声音。有些不可思议的是，对有些人来说，呕吐物唯一让人能接受的就是它的气味。人类是容易被骗的生物，如果被蒙上眼睛，让你品尝一下新鲜的磨碎的帕尔马干奶酪，你可能就被骗去尝一下呕吐物的味道。丁酸使得这种厚实的黄色物质具有独特的香气。

在呕吐之前，会先恶心，即你想要吐的感觉。它先从喉后部开始，逐渐到整个胃。有些人还将其描述为一种温暖但是全身不适的感觉。还有人会打嗝、流口水或突然流汗。

很多事都会让人产生恶心的感觉，比如：喝一些发酸的牛奶；全身麻醉；怀孕；或者听一听奥斯卡奖得主的获奖感言。但有些运动，特别是像船上的起伏摇晃这种，最容易引起恶心。早在2000多年前，希波克拉底就写道："在海上航行会引起身体的运动紊乱。"晕动病在航海中非常常见，以至于恶心的英文单词（nausea）与航海还有关联，"nau"来自希腊语，意为船（nausea的结尾是sea，大海的意思，但这纯属一个有趣的巧合）。

曾经有一项对来自114次海上航行的共计2万多名乘客进行的调查，结果发现，21%的人在海上航行时会感到"有点儿不舒服"，4%的人感到"非常不舒服"，4%的人感到"特别恐怖"，7%的人发生呕吐。[4]但是，晕船并不妨碍一个人在海军干出一番事业，海军上将霍雷肖·纳尔逊（Horatio Nelson）就有晕船症。1804年，也就是特拉法加战役胜利的前一年，纳尔逊在一封信中透露："每次发作时，我都感觉像生病了一样，但出于对职业的热爱让我硬撑了一个小时。"[5]

大多数人在生命的历程中都会出现晕动病。女性比男性更容易发生，偏头痛患者比常人更容易发生。儿童在两岁之前对晕动病有抵抗力，他们发生晕动病的敏感期在9岁左右达到顶峰，然后通常会保持稳定直到成年。

当大脑接收到两份身体是否在运动的信息且这两份信息相互矛盾时，就会发生晕动病。有两个器官为大脑提供运动的信息——眼睛和内耳的一部分。内耳与平衡有关——事实上，你的耳朵不仅仅负责听到声音，它们还负责让你保持直立的状态。

内耳，离耳孔只有4厘米远。从外观看，先是外耳，包括通向耳膜的耳道。耳膜后面是中耳，里面有一串骨头，它们将耳膜的振动传递到内耳。再里面就是内耳，每只内耳中都有一个充满液体的结构——耳蜗（用于感知声音），以及所谓的前庭系统——负责平衡的那部分。

耳蜗和前庭系统有很多共同之处。这两种内耳结构都通过液体电流诠释环境中的声音与平衡信息。对耳蜗来说，是声波产生了电流。对前庭系统来说，是头部运动和重力移动液体产生刺激。这两种结构中都排列着成千上万的毛细胞，这些毛细胞在液体中来回摇摆——就像浅滩中的海藻一样。当一个毛细胞弯曲时，它就会产生一个神经信号，传输给大脑。大脑将耳蜗中弯曲的毛细胞数据解读为声音，并根据前庭系统的毛细胞数据推断出你头部的位置以及你是否为直立状态。

内耳就像现代艺术画廊里前卫的雕塑。底部是耳蜗，形状像蜗牛的壳。你的前庭系统由“蜗牛”头部延伸而来。一开始是一个叫作“前庭”的球杆状的把手（它就像你的耳蜗的入口）。末端是3个被称为半规管的环状管——具体来说，分为水平半规管、后半规管和上半规管，这是以它们所检测的头部运动的方向来命名的。

如果没有内耳的这种把手结构和环状结构，你就意识不到头部的位置，就很难保持直立。下面我来解释一下这是为什么。你的头可以在3个方向上运动——点头（通过上半规管传输信号），摇头（由水平半规管提供信号），左右歪头（由后半规管提供信号）。比如说，低头时，后脑会输送液体波到达每个内耳的上半规管。当液体波撞击上半规管前部的毛细胞时，它们会弯曲并产生神经信号，你的大脑会将此解释为：“下巴朝向胸部运动。”通过同时接受来自每个内耳的3个半规管的输入信号，你的大脑可以检测头部在任何方向上的旋转运动。

前庭系统的前庭（球杆状的把手部分，耳蜗的入口）通过检测头部的位置相对于重力的变化来追踪地面与天空的位置。前庭内的毛细胞嵌在一个圆环结构即椭圆囊当中。椭圆囊表面存在一层叫作耳石的碳酸盐晶体。尽管耳石的字面意思是耳沙，但是这些晶体更重。无论你的头在什么位置，重力都会把这一层沉重的晶体往地面方向拖拽，使毛细胞弯曲。例如，当你直立时，晶体会均匀地挤压下面的毛细胞，告诉你的大脑“下方”就在你的脚下。如果你仰卧在床上，重力会导致晶体向你的枕头倾斜，同时拖着毛细胞弯曲，你的大脑可以从毛细胞的位置推断出现在“下方”在你的后脑勺下。

除了保持对上下方向的监视外，前庭还可以检测线性加速度的变化。想象一下，你上班马上迟到了，你在红灯前停车，等待着红灯终于变成了绿灯，你踩油门，头会向后贴到座椅头枕上，仅仅几秒，你的车就向前移动，但你的身体会保持静止。在前庭内，对毛细胞产生的同样的向后剪切力可以让大脑检测到加速度的变化。

了解了上面这些，我们终于可以理解为什么你在行驶的船上或车里会感到恶心，为什么当你走出游乐场的回旋游乐设施时仍会感到世界在不停地旋转。

假设你是一名乘客，正坐在开得很快的汽车里阅读这一页。这时内耳可以检测到你在运动，前庭可以感觉到车辆的加速和减速。但从你的眼睛的角度来看，你仍然是静止的，在运行汽车相对静止的内部。某一刻你可能会停在路边，但内耳仍会认为你正在移动。你的大脑应该相信哪个信息呢？摇晃的视频同样使你两个感官传输的信息相矛盾从而引发晕动病。这是因为眼睛追踪视频快速地平移让你的大脑觉得你在动，但实际上此时如果你躺在沙发上，内耳中静止的液体会告诉你的大脑你没动。无论冲突发生的方式是什么，你的大脑都会被相矛盾的信息所迷惑，这种内部的混乱最终导致了晕动病。

我们人类，以及我们的前庭系统，都是在一个有重力的星球上进化而来的。从上往下看，前庭依靠重力将沉重的晶体拖向地面的方向。没有了重力的拖引，就像前庭消失了一样，宇航员的大脑也陷入了困惑。因此，像宇航员泰托夫那种“颠倒飞行”的体验就出现了。

快速旋转会使半规管内的液体激荡产生电流。当你正在椅子上欢快地转圈，你的老板突然走进你的办公室，你会突然抓住桌子，这时你的身体会停止移动，但内耳半规管中的液体却不会停止移动。这时你会体验到让你恶心的一种视觉错觉，即整个房间在你周围旋转，此症状叫作眩晕。你可以通过在椅子上朝相反的方向旋转来促进你恢复正常。但你的老板可能对此更加愤怒吧。

年轻人发生眩晕可能是自己的某个行为造成的，比如坐在转椅上旋转，而老年人眩晕通常是由耳石移位造成的。耳石性眩晕英文缩写为“BPPV”（benign paroxysmal positional vertigo）良性（无生命危险）阵发性（偶尔发生的）位置性（由某些头部运动触发）眩晕（天旋地转的）。前庭中的碳酸钙晶体需要继续存留于椭圆囊当中。如果其中一个挣脱，它们可以进入任意一个半规管当中。这是一种病。由于人类不可能只旋转半个脑袋，故任何头部运动通常都通过双耳的半规管产生平衡的液体电流。如果一只耳朵内松散的晶体扰乱了半规管内液体的流体动力学，那么这种平衡就会消失。你的大脑没法理解相互矛盾的信号：头部两侧的旋转怎么做到不一致的呢？你的头部向一个特定的方向移动一次（取决于哪侧的半规管中含有任性淘气的耳石），你都会产生一种微弱的眩晕感。治疗这种疾病的手段包括物理疗法，即让那些淘气的耳石回到前庭椭圆囊中，就像那些手持游戏机，你需要倾斜钢球让其顺利地走完迷宫。

*

讨论完恶心的原因后，接下来讲讲呕吐这件事。

假设你吃了什么不干净的东西，你首先会感到恶心，口水从嘴角流出来，头上开始出汗。你张开干燥的嘴唇，想要克服恶心的感觉，结果却是干呕。腹肌开始收缩，开始反复干呕。突然，就像失去控制一样，胃内容物肆意地喷出。吐完之后你会感到虚弱无力，但是却好受了许多。

呕吐让人很难受，但最终意义是值得的，这个行为可以将你吞下的有毒物质或有害化学物质排出体外，防止它们有机会在你体内造成严重的破坏。当你吃了不干净的东西后呕吐，这种机制是有意义的，但在摇晃的船上呕吐呢？你并没吞下什么可疑的东西，那为什么也要吐呢？我们目前尚不清楚这到底是为什么，但有一种理论是，你的大脑认为你已经被毒死了。[6]

游轮和汽车代表了一种可以用相互矛盾的感官数据来迷惑你的大脑的现代方法。在大多数人的进化历程中，你的大脑唯一一次处理让它困惑的信息时是在吃了有毒的植物后。摄入的有毒的化学物质引起了相互矛盾的视觉和听觉幻觉。例如，牵牛花种子（紫堇）含有麦角酸酰胺（LSA），它与LSD非常相似，并具有类似的致幻性。另外，误食附子（乌头）会引起奇怪的皮肤感觉，如皮肤麻木和刺痛，尽管你的皮肤没有受损。当晕动病发生时，大脑对输入的矛盾信号的唯一解释是你已经中毒了。那么，恰当的反应就是呕吐，清除体内的毒素。

在呕吐之前，你的身体会迅速地做出一些保护性反应。胃酸喷出会侵蚀牙齿上的牙釉质，身体通过分泌多余的唾液来保护你的牙齿。在呕吐之前，还会反射性地深呼吸，这样保证你的呼吸道不会在呕吐时发生阻塞。

接下来是肠道的搅动。你的小肠从中间开始向后挤压。当内容物回到胃里时，你的腹肌会紧紧挤压胃部。腹部的高压和胸部的低压（之前说的深呼吸）共同作用，有助于呕吐物向上涌出。食管底部的肌肉环，即食管下括约肌，变得松弛，为即将到来的爆发做好准备。最后，肠道内容物被向上推，通过你的食管，从口腔离开。

呕吐涉及了许多复杂的过程。呕吐中心——尽管听起来像一个不怎么吸引人的购物中心——是决定你呕吐发生的脑干区域。它的决策基于多个通路的信号输入。来自前庭的毛细胞提供了关键的数据。如果你的胃肠道扩张、被阻塞或发炎，此时它便与你的呕吐中枢相联系，使你呕吐。一些强烈的情绪，比如疼痛（例如骨折或心脏病发作时）、厌恶（例如看到另一个人呕吐时）和恐惧（例如在公众演讲之前）也会影响呕吐中枢。

呕吐中枢的最后一个主要来源是大脑中的一小块区域，它对化学物质特别敏感，因此得名化学感受器触发区（CTZ）。它位于呕吐中枢的旁边，CTZ对呕吐中枢的决定有较大的影响。全身麻醉药和化疗药物是非常强效的CTZ刺激物。人类绒毛膜促性腺激素（hCG）具有同样的作用，这是由发育中的胎盘产生的激素，在尿液妊娠测试中呈现两条蓝线。由于两个胎盘分泌的hCG比一个胎盘要多，所以怀双胞胎的女性恶心和呕吐的反应要比怀单胞胎的女性要强。晨吐这个词其实属于用词不当——恶心可能发生在一天中的任何时候。值得庆幸的是，大约到14周时，胎盘中hCG水平开始下降，恶心症状通常会消退。

因为呕吐是一种让人不愉快的经历，所以我们倾向于远离可能会导致呕吐的因素。心理学家称之为条件反射。例如，如果你在吃了一只对虾后因食物中毒而呕吐，你可能终生不会再吃对虾，仅仅是看一只大虾就会让你感到恶心。同样的现象也可能发生在接受大剂量化疗的患者中。如果早期服用药物使他们感到严重不适，他们的大脑就会习惯于将化疗与呕吐联系起来。考虑到化疗一般是到医院注射药物，所以开车进入医院的停车场或听到静脉注射泵的声音都可能引发呕吐。我曾经治疗过一个对酒精棉气味感到恶心作呕的病人，这源于他为了治疗肺癌化疗几十年形成的条件反射。在接受化疗的患者中，多达25%的患者在第四次化疗时会出现这种预期的恶心和呕吐。[7]一些病人觉得化疗完全停止了会更加痛苦。预防是最好的治疗方法，从治疗一开始就服用强效的抗恶心药物，可以阻止大脑产生负面的恶心联想。

呕吐引起的高压会撕裂你的食管。如果不紧急手术，这种情况普遍是致命的。食管破裂被称为布尔哈夫综合征，荷兰医生赫尔曼·布尔哈夫（Herman Boerhaave）在1723年8月发表的一篇文章对这个症状进行了详细描述。[8]受害者是简·范·瓦塞纳（Jane Van Wassenaer）男爵，“一个50岁的男人，身体强壮”，被称为“滥吃的人”。布尔哈夫在文章中介绍：“在导致瓦塞纳男爵死亡的事故发生时，他正通过低量饮食为3天前过量的饮食进行补偿。”但男爵的所谓“低量饮食”也是相当的丰盛：

香草小牛汤；煮羊肉和卷心菜；炸甜面包和菠菜；鸭肉；两只云雀；大量的苹果；甜点、梨、葡萄、糖果；啤酒和摩泽尔白葡萄酒。

在吃完这顿丰盛的晚宴后，男爵出现了下述状况：

……他开始抱怨胃难受，于是他吞下了三杯滚烫的蓟花。由于没有什么效果，他又喝了四杯，依然没有什么效果。男爵对此感到非常惊讶，于是又下令再准备一杯，同时努力通过抠他的扁桃体来刺激呕吐。他既紧张又感到恐惧，突然他痛苦地叫了一声，仆人急忙去帮他。他惊叫道，好像什么东西炸裂了或者是有什么东西被撕裂了并移动到他的胃那里，他确信自己快不行了。

他是对的。男爵那剧烈的呕吐使他的食管被撕裂了，从而迅速并且永远地结束了他饮食上的困境，他死了。

总结：晕动病会让你感到恶心，是因为大脑不知道你是否在移动。化学物质、肠道紊乱和强烈的情绪也会让你感到恶心。恶心最终会导致呕吐，这是身体清除摄入的有害物质的方式。

知识链接

战术性呕吐

战术性呕吐是指在酗酒之后自我引起呕吐的行为，可以使自己感觉不那么难受以至于能坚持着继续参加宴会。与流行的说法相反，古罗马竞技场的通道并不是罗马人进行战术性呕吐以便腾出更多胃容量而继续参与聚会的地方。相反，这个地方就是一个通道，人群从座位离开的地方。

除了智人之外，其他物种也会进行战术性呕吐。人们观察到，虎鲸会利用呕吐物作为诱饵。它会偷偷地浮出水面，排出呕吐物，然后撤到海里游荡，直到一只饥饿的海鸥俯冲向水面。容易上当受骗的海鸥去吞食虎鲸的呕吐物时，鲸鱼从水中一跃而起，张开大嘴，把整只海鸥吞下去。

当捕食者靠近时，秃鹫也会战术性呕吐。对秃鹫来说，呕吐有两个好处：首先，它减轻了自身体重，使其更轻松地飞走；其次，它为捕食者提供了一个诱饵，捕食者可能会选择吃掉呕吐物，而不是浪费能量去捕捉秃鹫。你真的得欣赏这个冷酷无情的逻辑。

哪些动物不会呕吐?

像松鼠或老鼠这样的啮齿类动物，不会发生呕吐。这也是老鼠药起效的原因，一旦老鼠吞下了老鼠药，它们就没法通过呕吐将有毒物质排出。马也不能呕吐。马的食管与胃的交界处有一个令人难以置信的强壮的肌肉环，叫作食管下括约肌。马的食管下括约肌非常强劲，以至于无法使其松弛进而发生呕吐。这种特殊的消化系统可能是进化来帮助马逃离捕食者的。在疾驰时，马的肠子像活塞一样不断地撞击它的胃。如果我们发生同样的状况，压力会立即打开我们虚弱的食管下括约肌，把胃里的东西喷射到地面上。但是，马的像铁一般牢固的食管下括约肌可以让它们在疾驰的过程中还能将食物留在胃里。

呕吐反射

呕吐反射是通过刺激舌头、喉咙或扁桃体组织引起的突然性的喉部收缩。在过度刷牙的时候或者医生拿着压舌板压你的舌头以便观察扁桃体的时候都会引起呕吐反射。呕吐反射可以保护你免遭窒息的风险：任何大到可以剐蹭到喉咙顶部的食物都很难进入你的食管。在发生窒息之前，一般呕吐就会先把窒息物给吐出来。当然，如果你的呕吐反射太强烈，你可能会真的吐出来。测试病人的呕吐反射是比较彻底的医学检查的一部分，因为没有其他的反射可以反映神经系统疾病。所以在医院进行这种检查时我们经常强调要站在病人一侧，以防被病人吐一身。

一种让人下颌发光的病

火柴制造业（matchmaking）是19世纪50年代英国的一个大产业（matchmaking在英语中有相亲之意，但这里的matchmaking是制作火柴，可不是安排单身人士见面约会的意思）。在维多利亚时代，人们用蜡烛和煤气灯照明，这就需要一个现成的火源，这造就了火柴制造业。白磷是火柴头的成分之一，从事火柴制造的工人会受到白磷严重的影响，起始症状为牙痛、牙龈肿胀，逐渐蔓延直至整个下颌腐烂坏死。因为磷可以发出光，所以腐烂的下颌骨在黑暗中可以发出绿色的光芒。这些工人将这种综合征戏称为“磷下巴”（学名为磷毒性颌骨坏死）。吞下磷会引起呕吐，呕吐物也会发光：

住在工厂东面的我的孙子回忆起这么一个故事：路边发光的呕吐物质，标记着工人们每天下班回家的路线。[9]

参考文献

[1] Golightly, G. Flying The Vomit Comet Has Its Ups And Downs. Space.com (20 October 1999).https://web.archive.org/web/20060310204522/http://www. space. com/peopleinterviews/yaniec_991020.html.

[2] Clément, G. & Reschke, M. F. Neuroscience in Space. Springer Science & Business Media (2010).

[3] Evans, B. Tragedy and triumpH in orbit: the Eighties and early Nineties. Springer (2012)

[4] Lawther A. & Griffin M. J. A survey of the occurrence of motion sickness amongst passengers at sea. Aviation Space Environmental Medicine, 59, 399 (1988).

[5] Brown, K. The seasick admiral: Nelson and the health of the Navy. Seaforth Publishing (2015).

[6] Treisman, M. Motion sickness: an evolutionary hypothesis. Science Magazine, 197 (4302), 493 - 495 (1977).

[7] Aapro, M. S. et al. Anticipatory nausea and vomiting. Supportive Care in Cancer, 13 (2), 117 - 121 (2004).

[8] Barrett, N. R. Spontaneous Perforation of the OesopHagus: Review of the Literature and Report of Three New Cases. Thorax, 1 (1), 48 - 70 (1946).

[9] Raw, L. Striking a light: the Bryant and May Matchwomen and their place in history. Continuum (2011).

腹泻

发作起来让人难以忍受的经历。

布里斯托尔，位于英格兰的西南方，这个地方以悬索桥和“不可抑止的创作精神”而出名。当我在消化内科病房工作实习时，我收到了这样一张图表，是关于布里斯托尔粪便的图表，一份描述当地人粪便类型的量表。第1型是“单独的硬块”；第4型是金发姑娘般的“光滑柔软的软香肠形或蛇形”；第7型是“没有固体块的液体形”——即腹泻。在一次科室的圣诞节派对上，一名护士搞一个恶作剧，她在烤好的蛋糕上面用巧克力做成了各种粪便类型，虽然是恶搞，但非常形象：巧克力片、巧克力长条、巧克力碎片、火星巧克力棒、巧克力果仁糖、巧克力奶油和一池巧克力糖浆。

不依赖巧克力棒，抽水马桶制造商用大豆酱和大米混合物复刻了大便形状，50克左右的圆筒状结构，马桶制造商需要这些标准化的假粪便来评估冲水系统。经过广泛的测试，以大豆为基础的配方可以最好地反映人类粪便的含水量、密度以及冲水时分解的趋势。通常用一次冲水冲走多少个这个50克的圆筒状物来判断马桶的冲水能力。马桶冲洗的最低范围必须是一次冲洗能够冲走250克的粪便（5个大豆圆筒状制品）［根据1978年一项

“健康受试者结肠功能的可变性”研究，男性平均的粪便质量在250克左右，这项结果发表于一份标题含义自明的杂志《肠道》（*Gut*）中］。[1]

为了获得“高效”的美誉，美国环境保护署要求马桶在一次使用不超过4.8升的水清除350克的粪便（7个圆筒物）。一流的马桶可以冲洗1000克粪便——20个圆筒物。既然人每次的排便量远没有这么多，所以我现在还不清楚为什么需要如此强大的冲便能力，除非你每4次排便后才会冲一次厕所。

*

你吃的食物要经过长且曲折的肠道才能从肛门排出，形成一个50克的豆酱状圆柱体。如果这一过程中出了点儿问题，通过你的小肠和大肠后，就会发生腹泻。

小肠虽然被称为“小”肠，但它实际上有6米长，其表面积相当于两个停车位。之所以被称为“小”肠，指的是它的口径小，仅3厘米左右。而大肠的口径相对较宽，为6厘米左右（在语义上，“肠”包括了整个小肠和大肠，但“结肠”只适用于大肠）。肠道，无论是小肠或者是大肠，都是有吸收功能的肌管。它们的任务是从你吞下的所有东西中吸收营养，推进渣滓，吸收水分，直到一个250克的布里斯托尔粪便图第4型样品准备排出。

食物在你的口腔和肛门之间传递的时间差异很大。通过胃需要2～5小时。再过2～6小时，消化物才从小肠挤出。在最后被排出之前，粪便会与大肠悠闲地接触10～60小时。长期暴露于食物中潜在的致癌物质是大肠癌比小肠癌更常见的原因之一。肠道运输的正常时间范围是24～72小时。

有毒品贩子利用毒品“骡子”吞下包裹有违禁毒品的避孕套来运输毒品。这就是利用了食物在肠道内需要一定的运输时间。这是一个极其危险的行为，如果避孕套在人的肠道内破裂，随之而来的是过量的可卡因或海洛因摄入，这通常是致命的。成功的“人体骡子”必须保持这些毒品的完整性，并将其顺利隐藏在肠道里，直到他们找到人对接货物。如果他们的旅程涉及长途航班之间的中转经停，那么他们就必须努力减缓他们的肠道运输时间。在起飞前服用止泻药。在飞行过程中，他们既不吃也不喝，因为胃的充盈会触发肠道开始蠕动。机组人员接受过专业培训，如果航行中发现一个人不吃也不喝，那么机组人员就会及时提醒安全人员注意这个人。

小肠有如此大的表面积，是因为它的细胞壁上排列着手指状的突出物，称为绒毛。每平方毫米的小肠有10~40个绒毛。这些绒毛密集向外延伸，每一个绒毛延伸0.5~1毫米长，让肠壁形成一个豪华的天鹅绒般的外观。每个绒毛又会被自身的微绒毛覆盖，这样就增加了更多的表面积。要想营养被吸收，营养物质必须通过身体接触到小肠内壁。表面积更大意味着食物中所有的营养物质均被有效吸收的可能性更大。经过6米长的小肠被吸收后，一种由难以消化的材料组成的糨糊——如植物纤维、脱落的肠壁细胞和玉米粒等——仍然存在，准备进入大肠当中。

小肠与大肠的交界处在腹部的右下角。阑尾就在这个地方，在小肠与大肠的交界处，悬在大肠上。大肠从起始处朝向上方开始延伸，延伸到肋骨下，之后转90° 到你身体的左侧，然后再转90° ，向下延伸到达腹部的左下角。小肠位于这个1.5米长的大肠构成的框架的中心。如果你便秘，粪便会堵塞住大肠的末端。医生可以确定左下腹的肿块是粪便而不是其他器官，正如我的那本解剖学教材告诉我的那样："可以通过腹壁触诊判断一个人是否存在一团粪便。"

大肠的职责是从小肠渣中吸收水分，促进固体大便的形成。通常情况下，大肠会吸收99%的水分。我所说的"水分"是指任何液体，包括咖啡、牛奶、啤酒和葡萄酒（毕竟，一旦溶解糖、色素、酒精和咖啡因被吸收后，就只剩下水了）。让我们想象一下，你被迫喝了1升的沙士饮料（我猜没有人会自愿喝）——只有10毫升的沙士饮料"水"最终会进入你的粪便当中。你的大肠将吸收另外990毫升的水进入血液。当血液流过组织时，不同器官的细胞会吸收它们需要的任何物质，然后肾脏就会排出尿液中多余的水。如果大肠不能吸收粪便中99%的水分，那么就会发生腹泻。

腹泻的英文字面意思是"液体流动"，是从希腊语衍生而来的。腹泻的产生主要有3个原因：未消化的食物进入大肠，肠内壁损伤，以及肠道挤压速度加快。

未消化的食物

在大肠中，未被消化的食物通过一种叫作渗透作用的过程来吸水。（记住，一旦食物到达大肠，所有的消化都应该已完成，就剩下吸水的过程了）。额外的水分负荷超过了大肠的重吸收能力，导致腹泻。但是，为什么未被消化的食物会进入大肠呢？要么是一开始就未被消化，要么是小肠上端出了问题。

首先我们考虑一下那些难以消化的东西。人类根本不能分解植物中的某些碳水化合物。很久以前，人类在进化的过程中，学会了如何烹饪营养丰富的肉的技能，但是我们也丧失了从植物中获取能量的能力。像糖精这样的人工糖替代品人类是完全无法消化的，在满足了对甜食的渴望之后，这些化学物质会通过你的肠道而没有任何营养物质（即热量）被吸收。

1996年，《柳叶刀》上刊载了一篇神秘的案例研究文章：《一位空姐令人困惑的腹泻》。[2]这位32岁的健康女性每天腹泻10余次。研究发现，罪魁祸首并不是航空食品，而是她不断咀嚼“无糖”口香糖，这些口香糖中含有难以消化的山梨醇。人只有在咀嚼大量的山梨醇时才能导致腹泻，空姐每天吃75克的山梨醇（一块无糖口香糖大约有1.25克的山梨醇）。据推测，因为工作需要清新的口气，她每天会咀嚼60块口香糖，最终导致了腹泻。

其他食物，特别是水果和奶制品中的糖，是可消化的，但是只能消化一点儿。乳糖是母乳（以及其他奶类）中主要的糖类。人类天生就有制造乳糖酶——一种分解乳糖——的消化酶的能力。因为母乳是6个月内大的婴儿唯一的营养来源，显然乳糖酶是一种重要的酶类。直到大约2万年前，大多数人在进化过程中都失去了产生乳糖酶的能力。当母乳成为人类唯一喝的乳类时，这种变化是有道理的，作为一个成年人何必要浪费能量来制造能够消化婴儿吃的食物所需的酶呢？

当北欧人将牛奶作为一种全年方便的营养来源时，这一切又都改变了。人群中的基因突变意味着这些欧洲人中的一部分永远保留了制造乳糖酶的能力，而不仅仅是在婴儿期。当农作物歉收时，这些突变体的乳糖酶允许他们通过喝牛奶在饥荒中生存下来。任何没有这种突变的成年人——即那些不生产乳糖酶的人——都无法消化牛奶中的乳糖，这些乳糖直接通过肠道，导致腹泻（如今任何患有乳糖不耐症的人都会理解这个痛苦）。

因为没有牛奶的营养供应，那些无法消化乳糖的人更有可能被饿死。

在亚洲和非洲一些比较温暖的赤道地区则是另外一种情况，除母乳外的其他乳品向来都不是一种主要的食物和营养来源。在撒哈拉的阳光照射下未冷藏的乳制品不能长期饮用。因此，“永久性制造乳糖酶”的基因突变从来没有在这些地区扎根，因为它没有为这些地区的人们提供任何生存上的优势。现代人乳糖不耐受的发生率反映了全球各地区以乳类作为主要营养来源的差异。2017年发表在《柳叶刀》的一项研究表明，丹麦（4%）、瑞典（7%）和荷兰（12%）公民的乳糖不耐受率非常低，而日本（73%）、中国（85%）和加纳（100%）[3]的乳糖不耐受率极高。但即使是荷兰人，也可能在肠道感染后不得不关闭乳糖酶的制造。乳糖酶产生于小肠绒毛的尖端。如果这些结构被破坏了，你可能会发现自己会暂时患上乳糖不耐症。

即便一个食物是可消化的，如果大肠上端出了问题，它也可能无法被消化。食物进入小肠后会遇到胆囊分泌的胆汁和胰腺分泌的胰液。每个器官的分泌物中都含有能加速营养物质分解的消化酶。胆汁是一种乳化剂，它可以帮助食物中的脂肪溶解于富含酶的液体当中，而不是漂浮于其上。患病的胆囊（比如说结石）或胰腺（因为酗酒而导致感染）不能分泌含有酶的消化液，让食物以未消化的方式传递到大肠当中。抗生素可以杀死导致中耳感染的细菌，但它们也会消灭帮助你分解食物的肠道益生菌。这种损害意味着这些肠道益生菌不能满足肠道的消化需求。

就像所有的器官一样，肠道需要血液供应才能工作。血液从小肠转移会影响食物的吸收，使未消化的残余物直接流入你的大肠。强烈的压力是剥夺肠道血液的一种有效的方式。肾上腺素是一种应激反应激素，它会将血液从肠道转移到肺部（获取氧气）和肌肉（输送氧气，让你能够逃离或与应激因素作斗争）。当生命有危险时，消化可以排在后面，自我保护才是第一位的。肾上腺素的血液分流作用——加上它加速肠道挤压的能力，我们很快就会发现——这解释了为什么许多运动员、公众演讲者和考生在重大事件前因承受压力而易患腹泻。

肠内壁损伤

现在我们已经知道了未消化食物导致腹泻的问题，接下来让我们来了解下导致腹泻的第二个罪魁祸首——肠内壁受损。受污染的食物引起肠道感染进而引起的腹泻被称为胃肠炎或食物中毒。导致胃肠炎的病原体侵入并裂解肠壁上皮细胞。小肠破裂的绒毛无法吸收营养物质（再次通过“未经消化的食物”机制引起腹泻），而受损的大肠内壁不能吸收水。像沙门氏菌、大肠埃希菌和空肠弯曲菌这样的细菌就是以这种机制发挥作用的，轮状病毒（通常是幼儿园胃肠炎暴发的原因）以及诺如病毒也是以上述机制导致腹泻的典型原因。

炎性肠病包括两种情况——溃疡性结肠炎（UC）和克罗恩病（Crohn's disease），两病的基本原因都是失控的免疫系统导致的持续的肠道炎症。红色、肿胀的肠内壁不起作用，进而导致腹泻。

UC不发生于小肠，但是对大肠内壁的侵蚀严重影响了其吸收水分的能力。UC导致的腹泻可能会有很多类型。消化病学家使用一个标准化的量表对患者发作的严重程度进行分级。每天3次腹泻被认为是“轻微”发作，“严重”的是指那些每天至少有6次腹泻且便中见血的患者。顺便说一句，UC是吸烟可以产生保护作用的疾病之一（另一种是帕金森病）。吸烟的UC患者症状比不吸烟者要轻，如果UC患者开始吸烟，他们通常会感到明显的临床症状的改善。但是，与吸烟相关的大量健康风险，包括使你的预期寿命缩短10年，肯定不值得你去这么做。

克罗恩病是另一种炎性肠病，通常会影响女性。与只涉及大肠的UC不同，克罗恩病会导致整个小肠的炎症，并通过两种打击机制使小肠上端消化吸收功能受损导致腹泻的发生。

肠道挤压速度过快

第三种也是最后一种导致腹泻的机制不言而喻：你的肠道运动过快，导致食物中的营养物质和水分无法被充分吸收。食物通过肠道依赖于蠕动：肠道连续的肌肉收缩，推动食物朝着排便的方向移动。每天发生1～2次，你的大肠会经历“集团运动”或“巨大移行性收缩”（我发誓，这些都是医学术语）。通常是由进食引起（肠道需要推进食物以便为胃腾出空间），大肠的长节段剧烈收缩使其完全腾空。如果你每天早晨规律地排便，那么进入马桶的粪便就是你大肠“集团运动”的结果。

在壮烈的集团运动或巨大移行性收缩之间，小规模的蠕动会使肠道内容物被继续推进。就像心脏射血一样，肠道也是同样的原理。致密的神经网缠绕着你的肠壁。当其中一个神经兴奋性过高时，周围肠道就会开始挤压，里面的粪便就会被推进。神经元放电率是由“Cajal间质细胞”所决定的，它就像时钟一样按正常的频率释放，小肠每7秒释放一次，大肠每20秒释放一次。这个充满异国情调的名字是对其发现者圣地亚哥·拉蒙·卡哈尔（Santiago Ramóny Cajal，1852—1934）的致敬。他是西班牙的神经解剖学家，脾气暴躁，11岁的时候自己建造了一门炮，炸毁了邻居家的侧门。同样，任何能够刺激Cajal间质细胞的因素都可以导致暴发性腹泻。

这些细胞对肾上腺素、乙醇、咖啡因和塞纳油以及蓖麻油等化学物质非常敏感。在第一次世界大战期间，蓖麻油被用来润滑飞机的螺旋桨。在飞行了几小时之后，由于摄入了雾化蓖麻油的影响，飞行员会发生腹泻，而且，对敌人开枪射击的压力导致肾上腺素的分泌过多可能加剧了这个状况。

1949年，一项针对毫无戒备的医学院学生的实验证明了肾上腺素在增加肠道收缩方面的作用。[4]学生们接受了结肠镜检查。研究人员在结肠镜插入学生的直肠时会与学生随便地聊聊天。突然间，研究人员不说话了，好像出了什么问题似的，他会打电话给一个同事，并在现场低声地说他发现了一个疑似直肠癌的患者。这时，根据肠镜显示，学生的肠道此时的收缩速度甚至可以掀翻屋顶。等研究人员告诉他们真相，肠道收缩速度立即减弱。显然，学生们都觉得这很荒谬，但是在那个年代没有人抱怨他们的权利受到了侵犯。

总结：腹泻是由粪便中水分过多导致的。要实现难以捉摸的布里斯托尔粪便图表中的第4型粪便，需要以下的条件：你吃的所有东西都要完全充分地被消化，你拥有完好无损的肠内壁，以及你的肠道挤压速率稳定。

知识链接

引起历史上霍乱的原因

霍乱弧菌是引起霍乱的细菌，它通过一种巧妙的机制引起腹泻。它产生一种毒素，使大肠分泌多余的水和电解质进入粪便当中，而不是吸收粪便中的水。其结果是形成“米泔水样”便。霍乱的脱水作用十分严重，如果不及时治疗，可在数小时内死亡。流行区的医院会配备一种设备，一种特别设计的床，中间有一个洞，病人躺在床上，臀部放在洞的上方，下面有一个桶来接着患者的排泄物。

在过去的200年里，共发生了7次霍乱大流行，第一次是在1817年，发生于印度。当1853年第三次大流行袭击伦敦时，《柳叶刀》的编辑托马斯·维克利（Thomas Wakely）哀叹道：

……这一切都是黑暗的、混乱的、模糊的理论和一种徒劳的猜测。它是一种真菌或昆虫？一种瘴气或是一种电扰动？是一种臭氧的缺乏，还是一种病态的肠道冲刷？我们什么也不知道。我们处于猜测的旋涡中。[5]

伦敦医生约翰·斯诺（John Snow）采取了一种没有那么夸张的说法：

导致霍乱的病态物质必须得进入消化道，事实上，可能是因为意外摄入，毕竟人们不会特意服用它。[6]

位于伦敦西区的苏荷区在1854年暴发了一次特别严重的霍乱。在8月31日至9月10日的10天内，约有500人死亡。斯诺细致地将每个病例绘制在苏荷区的地图上，试图确定“病态物质”的来源。斯诺的调查显示：

……*在伦敦的这一地区，没有发生过其他的霍乱疫情，除了那些习惯从布罗德街的水管里取水的人。*

斯诺说服官员拆除了取水泵的手柄，这使得水泵无法再抽取出水。随后霍乱病例数逐渐下降。调查发现，水井是从一个充满了霍乱弧菌的粪坑旁边不到1米处开挖的。

感谢你拥有正常形状的粪便

马乔里（Marjorie）是我曾经照料过的一位80岁的老人，让我印象深刻，当时我还是一名普通的医疗司法常务官。她被一种叫作艰难梭菌的细菌所感染。叫“艰难梭菌”是指它倔强地拒绝在培养皿中生长。但它也是一种难以治疗的细菌。马乔里经历了一种叫作“中毒性巨结肠”的可怕的并发症，就像听起来的那样，她的大肠膨胀得非常大，几乎要破裂了。在医院接受了两个月的大剂量抗生素治疗后，她肠道内的艰难梭菌被杀死了，她的顽固性腹泻终于开始得到缓解。一天，当我正和另一个病人在一起时，我听到她尖声喊我的名字，我以为发生了什么意外，沿着走廊跑去，发现她躺在地上，含着眼泪指着抽水马桶。我困惑地往里面看，里面有一根光滑而柔软的香肠状粪便。“我的粪便恢复到正常了（布里斯托尔粪便图表的第4型）。”在她洗了手之后，我们欣喜若狂地拥抱在一起。

参考文献

[1] Wyman, J. B. et al. Variability of colonic function in healthy subjects. Gut, 19 (2), 146 - 150 (1978).

[2] Greaves, R. et al. An air stewardess with puzzling diarrhoea. The Lancet, 348 (9040), 1488 (1996).

[3] Storhaug, C. et al. Country, regional, and global estimates for lactose malabsorption in adults: a systematic review and meta-analysis. The Lancet Gastroenterology & Hepatology, 2 (10), 738 - 746 (2017).

[4] Almy, T et al. Alterations in Colonic Function in Man Under Stress. Gastroenterology, 12 (3), 425 - 436 (1949).

[5] Wakley, T. The Lancet II, p. 393 (1853).

[6] Snow, J. On the Mode of Communication of Cholera. John Churchill, New Burlington Street, England (1855).

放屁与打嗝

**人体产生气体并排放出来，
这些是生命必须要经历的事。**

1956年，安特里英国国家越野障碍赛奇怪的结局至今为止还是个谜。德文·洛赫（Devon Loch），一匹10岁的公马，也是女王母亲的纯种赛马，在离终点线50米处莫名其妙地倒下了。“它摔倒了！它倒下了！”那个被吓坏了的评论员喊道。但是德文·洛赫并不是简单地滑倒，它的身体突然飞向空中，然后四条腿伸展在草地上。当其他选手从它身边疾驰而过时，人们对皇室取得胜利已不抱有任何希望。

有人说德文·洛赫是在跳过一个想象中的栅栏，也有人却说它是被喧闹的人群吓着了。但还有一种解释，《卫报》报道说，是因为德文·洛赫的“腰围太紧，使其变得不稳定”。[1]这匹可怜的马跑了近7千米，跳过了肚子下围的30道栅栏，放了一个猛烈的屁，把它像火箭一样推到了空中。在公共场合放屁、摔倒以及输掉比赛一定会让德文·洛赫感到难堪，特别是它知道女王和她的妈妈在注视着它。

其他动物对放屁的控制能力远远要强于马。海牛通过放屁来控制它们在水中的浮力。放一个屁可以让海牛下沉得更深。如果海牛便秘了，不能放屁，这会让它无助地在水面上漂来漂去，尾巴高过头顶。鸟类和树懒是控制放屁的大师，它们根本不放屁。北欧人特别重视对放屁的控制，或者我们把放屁叫作肛门排气（fartkontrol），在北欧人眼中这个词不是排气的意思，斯堪的纳维亚语中fart代表“fast”（速度）。在丹麦，某个道路限速行驶也叫作“fartkontrol”。在瑞典，减速带旁边的标志是红色的“farthinder”。所以，这个词也没那么粗俗，我们不妨深入研究一下我们身体产生的气体世界。

*

气体从胃肠道逃逸时会发出声音。气体从口腔逃逸我们会叫它嗳气，俗称打嗝；气体从肛门逃逸我们会叫它放屁，又叫胃肠胀气。处于肠道之内的气体也会很嘈杂。空胃在挤压内部气体时也会隆隆作响。下次当你的内脏开始发出这些尴尬的声音时，你可以大声地告诉你的同伴这种声响的医学术语叫作“腹鸣”。

你可以猜一下，一个人24小时的平均放屁量是多少呢？大约100毫升？半升？如果你真想了解它倒是有个办法，你可以将一根塑料管的一端插入你的直肠并放置一天，把它的另一端插入一个袋子中，然后测量你第二天早上收集到的气体量。听起来，似乎正常人没人会做这种尝试，但事实上，这正是1991年10名志愿者参与的实验。以科学的名义，年龄在19～25岁的5名男性志愿者和5名女性志愿者同意在肛门插入一根9毫米宽、650毫米长的管子，以收集一天的排气量。他们被要求服用一罐重200克的烘豆（有的研究人员提供的是惠普牌的烘豆，里面含有番茄酱），其他的饮食则由他们自己决定。发表在《肠道》（*Gut*）杂志上的试验结果显示，人类一天放屁的量在467～1491毫升之间变化，平均值为705毫升。

男性和女性排放量基本相同（事实上，女性的排放量更大）。平均每次的“排放量”为90毫升。气体产生的峰值在白天（平均每小时34毫升），特别是在餐后，然后在夜间减半（每小时16毫升）。

6名志愿者同意进行第二轮的试验，这次是在试验前和试验期间服用48小时的无纤维液体膳食补充剂。除了红茶之外，不允许吃其他食物（研究伦理委员会大概认为饮用红茶是一项基本人权，毕竟，这项研究是在英国的谢菲尔德进行的）。在这种饮食情况下，志愿者们平均每天的放屁量下降到214毫升，不及吃豆类和随意饮食所产生的放屁量的1/3。平均每天放屁的次数也从9次下降到1.5次。

看来，如果可以提供免费的食物，年轻人可能会愿意当任何试验的志愿者，但是除了这一点，我们还能从这个实验中知道什么呢？每个人都会放屁，你每日的排放量可能会装满两罐啤酒，而纤维是生产啤酒的主要原料。

*

你的胃肠道当中总是有大约200毫升的气体。前提是你位于海平面的高度，如果你位于较高的高度，低气压会导致你体内气体膨胀。在飞机上放屁不一定是不礼貌的，理论上可能是一种物理现象。

让我们进入消化道来一次简短的旅行——从口腔到肛门——看看这些气体都隐藏在哪里。

吞咽食物后，食管会把一口烘豆挤进胃里。豆子在胃的盐酸中浸泡几个小时，然后把糊状物挤进小肠。糊状物在小肠里与碱性的胰液和胆汁相遇，以中和胃酸，防止肠道被烧灼出一个洞。溶解脂肪的乳化剂和消化液中的消化酶也开始发挥它们的作用。接下来便是小肠内6米的旅程，在此期间摄取营养——即消化。前面我们说过，小肠的“小”指的是它的口径小，而不是它的长度。最终，营养被摄取完成的残渣会进入大肠，它的任务是从粪便中吸收水分，当食物残渣走过1.5米的路程后形成坚硬的粪便。如果一切按计划进行，坚实的粪便会逐渐积聚在直肠当中，直肠指的是大肠的末端。不断扩张的直肠壁拉伸敏感的神经，向大脑发出一条信号，提示你粪便要通过一根4厘米长的肛管和从肛门排出到厕所里（这是理想的情况下）。

将粪便放在直肠内的合适位置，直到合适的时候在私密情况下将其排出是一项重要的社交技能。肛门结构决定了粪便泄漏是极其罕见的。在体内，有一种叫作括约肌的肌肉会控制液体通过管道。例如，食管下括约肌会挤压食管，防止胃酸反流入喉。另一个括约肌负责控制胃进入小肠的通道，即Oddi括约肌，位于小肠壁上，通过收缩和松弛使碱性消化液与胃内容物结合。

通常上述任务是由一个括约肌控制的，但是你的肛门却由两个强壮的括约肌包围，维持排便的控制。如果说可以给你身体的几个开口提供一个备用的括约肌，那么肛门肯定是你最想要提供的地方。你无法自主控制内肛门括约肌，它大部分时间是收缩的，以防止粪便或者屁不加选择地从体内泄漏出来。但是包裹着内肛门括约肌的外肛门括约肌，是受你控制的。试一下放一个屁，此时你正在激活外肛门括约肌。

气体会通过3种方式进入你的胃肠道。你可以通过吞咽来吞下一部分空气，或者通过血液输送气体到达肠壁，抑或者直接在肠道内形成。因为你的胃肠道只有两个开口，如果气体想要离开身体，它只有两个选择：通过你的嘴（打嗝）或通过你的肛门（放屁）。让我们先从头开始。

几乎所有的打嗝排出的都是吞下的空气。每一次吞咽唾液都含有几毫升的空气。张大嘴吃饭是一种有效的充气方式，每吃一口汉堡也会吞下一口空气。喝碳酸饮料会直接让溶解的气体进入胃中，这就是为什么喝完软饮料（因为它们缺乏烈性酒而得名）或像啤酒这样的碳酸硬饮料后特别容易打嗝。嚼口香糖和吸烟也会吸入多余的空气。

当你的胃释放气体时，胃壁上的神经（直肠里的神经也一样）会告诉食管下括约肌要暂时放松。突然，困在你胃里的气体发现了一条向上的逃生路线。当高压的气体从食管喷涌而出时，喉咙后部的软组织会振动，产生特有的打嗝声。强迫自己打嗝产生的声音更大，就像吸入氦气时会发出吱吱的声音，吞下氦气后会发出吱吱的打嗝声。一些富有才华的年轻人，他们学会了一种技巧，可调整他们嘴和舌头的形状，把他们打嗝引起的喉咙振动变成“打嗝的语言”。将喉咙振动转化为语言不仅仅是青少年聚会时的一种娱乐方式，也为那些手术切除了喉咙（通常是因为癌症）的人提供了另一种说话的方式。如果没有声带作为发声器，患者也可以依靠喉咙振动发出声音，他们可以学会如何将声音塑造成单词。电子声带是主要的振动源，如果电子声带没电了，打嗝就可以替代它。

大多数吞咽的空气是可以直接排出的，但身体姿势对它的排出有一定的影响。气体的密度比液体要低，因此气体会浮于任何水样的胃内容物之上。如果你坐起来，气体会积聚于食管与胃连接处的下方，准备向上逃逸出来。胃里的消化液和食物填满了胃的其他部分，它们在底部的通路被括约肌堵住了。但如果你倒立，就不一样了。现在，这些气体聚集在胃与小肠交接处下方，而打嗝会导致胃内液体内容物的“呕吐物打嗝”。虽然你不大可能倒立吃东西，但是半卧在沙发上吃食物会改变胃里的气体位置，导致气体先进入小肠，而不是通过打嗝排出。

进入小肠的气体已经超出了可以通过打嗝排出的范围。胃和小肠之间的括约肌还不允许气体向后移动。这些气体最终的命运非常让人惊讶，它们不会像气球一样给你充气，也不会通过放屁来排出——它们最终会溶解于血液当中。

气体通过扩散的方式不断从血液进出。我们以运输氧气为例。它从吸入的空气扩散到通过肺泡的血液当中，然后再从血液中扩散出去，为器官组织耗氧细胞提供燃料。气体总是从高浓度的区域扩散到低浓度的区域。气体扩散也会发生于内脏当中。肠壁内充满了血管，通过血管的血液从肠腔内吸收营养，也通过扩散吸收气体。吞咽的空气，跟吸入的空气一样，含有21%的氧气。吞咽后的氧气会通过小肠扩散到血液当中，就像吸入的氧气扩散到肺部的血液当中一样。但是这种方式并不常见，因为吞下的空气对于增加血氧饱和度的能力非常低效。

我们还没解释那些存在于你胃肠道当中稳定的200毫升的气体，因为吞下的气体总会向外排出，而内脏深处的气体则会进入血液当中。在这200毫升气体中，有一小部分是二氧化碳存在于小肠当中。当进入小肠的酸性胃内容物被从Oddi括约肌释放出来的碱性消化液中和时，二氧化碳就会像沐浴弹一样暴发产生（沐浴弹使用的是柠檬酸而不是盐酸，但碳酸氢盐是中和反应的基础）。消化脂肪和蛋白质也会释放更多的二氧化碳。但这些二氧化碳都不能通过放屁排出，它会扩散到你的血液当中。如果你在寻找肠道气体，那么只有一个地方你可以看看，即你的大肠。

*

CT扫描仪使用旋转的X光机来创建身体的横断面图像。当医生查看你的腹部CT时，他们还可以看到你肝脏和肾脏的横截面，也可以看到位于大肠内粪便的横截面。除了这些，医生还可以看见屁。它们看起来像小黑点一样缀在粪便周围。奇怪的是，这些屁不是你制造的，它们甚至都不是哺乳动物制造的，你可以把这些气体的产生归咎于肠道内的细菌。

1克粪便当中约有1000亿个细菌。1000亿个啊！粪便干重的一半都是细菌。大肠中细菌的种类有上千种。这些“好”细菌对你是有益的。它们占据了致病菌想要占据的空间。它们还能合成各种维生素，包括维生素K（没有这个维生素，你就没法凝血），以及几种对能量产生和神经功能非常重要的B族维生素。作为对这些好处的回报，我们允许细菌摄取大肠中未消化的食物和纤维残渣生存。

如果你的小肠不能消化吃过的东西，你的大肠细菌群落会张开饥饿的嘴并发酵产生屁。除了导致胃肠胀气之外，未消化的食物也会通过吸收水分而导致腹泻。消化道上端如果发生了多处事故会导致未消化的食物进入大肠当中。比方说，如果你的胰腺和胆囊没有分泌乳化的、富含酶的液体，那么肠道就无法消化脂肪。乳糖，即牛奶中的糖，需要酶来分解它，如果我们缺乏乳糖酶就会无法消化乳糖。如果你和大肠内的细菌都不能完全消化你吃过的东西，你会看到马桶里的残余物看起来和它们在餐桌上的样子非常相似（排出的玉米粒是最典型的例子）。

纤维是对水果、蔬菜、种子和谷物等植物性食物中难以消化的碳水化合物的统称。食草动物可以消化纤维，但这个过程却相当缓慢。食草动物的肠道是其体长的至少10倍，这为摄取营养物质提供了足够的时间。通常需要多重胃的构造和至少两轮的消化。反刍动物——比如牛、羊和鹿——吞下它们的食物后，让食物在4个不同的胃中的两个发酵，然后反刍进行第二次咀嚼（这就是我们为什么把沉思叫作“反刍”，它来自拉丁语，意思是“再次咀嚼”）。即便咀嚼了两遍，但是草的结构依然比较完整，反刍动物的小肠还是无法摄取营养。被吞下的草经过第三个和第四个胃，最后它准备好了进入小肠（全长40米，全都位于牛的体内）。当其他动物不停反刍的时候，不如考虑一下兔子采取的更实际的方法吧，它们只吃粪便来进行第二轮纤维的消化。

人的肠道不能从物理层次上消化纤维。由于进化，我们再也不能消化纤维了。大约在250万年前，我们的祖先开始吃含热量的肉类。从一口草中摄取少量的热量，已成为一种能量浪费。进化更倾向于短的、经济性高的肠道结构，这样纤维可以直接通过肠道，节省消化它们所需要耗费的精力，为更高能量的食物——比如野猪的里脊肉——提供充足的精力。

虽然你不能消化纤维，但生活在大肠内的细菌可以消化纤维。它们消化的反应不需要氧气，它们通过发酵从残余物中摄取能量。发酵是一种产生气体的化学反应。酵母发酵面团中的糖产生二氧化碳，所以面包会蓬松。瑞士奶酪中的“孔”是在发酵牛奶中的乳糖时释放的二氧化碳（奶酪制造商称这些洞为“眼睛”；如果发酵失败了，无洞奶酪则被称为“盲人”）。在大肠中的发酵是产生腹部CT图像中散落于粪便周围的黑点的原因，黑点即你的屁。

大肠中的细菌发酵主要会产生3种气体：氢气、二氧化碳和甲烷。尽管人们普遍认为甲烷是“放屁产生的气体”，但只有1/3的人的大肠中含有产甲烷的细菌。虽然氮不是由细菌发酵产生的，但它最终会进入大肠，因为血液中的氮通过扩散进入那里。总之，氢气、二氧化碳、氮气（和甲烷，人群当中的1/3会产生）占据了放屁总量的99%。你吃的纤维越多，你为细菌提供的发酵饲料就越多，它们释放的气体就越多，产生的屁也就越多。

现在，让我们的思路继续回到之前针对每日放屁量的研究当中。除了测量了产气体积之外，研究人员还对志愿者的屁进行了气体成分分析。正如预期，进食豆类和随意饮食收集到的屁中都含有氢、二氧化碳以及氮（10名志愿者中有3名的屁中含有甲烷）。无纤维饮食情况下，志愿者的屁中氮气体积不变，但是其他气体的体积大大降低。如果没有纤维，那么志愿者大肠中的细菌就没有可以发酵成为氢气、二氧化碳以及甲烷的原料了。唯一剩下的气体是氮气，它是从血液中扩散而来的，与摄不摄入纤维成分无关。你还记得吧，无纤维饮食导致放屁量减少到原来的1/3，缺失的2/3的气体是氢、二氧化碳，有时候还包括甲烷——这些气体通常是由细菌发酵产生的。

综上所述，那些气体已经占了屁的体积的99%，但剩下1%的气体却赋予了你的屁最显著的特征——恶臭。

放屁的恶臭，就像口臭的气味，主要成分是含硫化合物，如硫化氢。其他臭气熏天的气体包括臭鼬素（在茉莉花和橙花中也含有低浓度的臭鼬素）、短链脂肪酸、挥发性氨类物质。放屁的气味是由你给大肠内的细菌提供的养料来决定的。多吃富含硫的食物，如鸡蛋、奶酪和卷心菜，肠道内的细菌就会产生更多的含硫气体。对于住在同一间帐篷的露营者来说，吃夹蔬菜的乳蛋饼绝对是一个糟糕的决定。

两种放屁产生的气体是可燃的：氢气和甲烷。因为火焰很吸引人，放屁却让人厌恶，所以点燃放出的屁让其燃烧成了一种娱乐方式。应该只有醉酒的人才会尝试这种行为吧！把打火机放在屁股后面，再释放一些肠道发酵的气体。燃烧火焰的颜色可以说明放出的屁的气体成分。蓝色火焰表示有甲烷的存在——这类受试者在人群中占1/3，他们的大肠中含有可以产生甲烷的细菌。黄色或橙色的火焰表示气体成分中含有氢气——这个反应就是导致“兴登堡号”空难的主要原因（但在这种情况下，会产生一定的气味）。唉，你最好还是不要做这种尝试！

如果你曾经因为不小心放了一个屁而受到斥责，你可以这么为自己辩解：不是我产生的屁——是我肠道里的细菌产生了它。

总结：打嗝是将吞下的空气从胃中释放出来。大肠中的细菌发酵产生的气体，会从肛门释放出来，此即放屁。

知识链接

肠内气体爆炸事故

透热疗法是一种利用电流切割组织或烧灼小血管（烧伤闭合）以止血的技术。在结肠镜的检查中，医生使用透热疗法去除息肉并采集组织样本。透热疗法的装置刚刚点起火花时，它会点燃结肠内发酵的气体，使结肠爆炸。1979年，一名患者因为气体爆炸使结肠炸裂而死亡：

……内窥镜室里可以听到爆炸声，病人躺在检查台上不停地抽搐，结肠镜完全喷了出来。尽管输了45个单位的血并立即进行了急诊手术，但由于多个出血点持续出现无法控制的出血，患者还是死亡了。[2]

这场悲剧导致了结肠镜检查程序发生改变：在结肠镜检查开始时，结肠通常用不可燃气体（通常是二氧化碳或空气）进行充气。这种不可燃气体会降低结肠内可燃气体的浓度，使其降为可燃浓度之下。

为放屁立法

如果你憋住了一个屁，它就会停在直肠当中，直到你跑到厕所中释放出来（或者在一个空电梯里）。长期憋屁会导致腹部不适，但不会造成任何严重的健康风险。罗马皇帝克劳迪亚斯（Claudius）并不知道这一事实。根据罗马历史学家苏埃托尼乌斯（Suetonius）的记载，克劳迪亚斯说：

……他曾考虑通过一项法案，根据这个法案，人们可以在晚餐时候放屁，因为他听说有人因为放屁而感到无地自容，差点儿为此自杀。[3]

允许使用“肛垫”一词

3个棉花糖一样的皮肤衬在肛管里。当肛门括约肌收缩时，压力会把这3个皮肤挤在一起，防止内容物泄漏。你的3个肛垫（是的，这是解剖学名词）是海绵状的，因为它们内部的填充物是丰富的静脉。如果在长期便秘或怀孕等上方压力增加的情况下，肛垫就会从肛管脱垂。我们称肛垫增大为痔疮。由于它们内含静脉，所以痔疮容易导致出血。痔疮这个词来自希腊语haima（血液）和rhoia（流出）。其他类似的词语还包括：腹泻（“through flow”）、脂肪泻（“fat flow”，指脂肪吸收不良的人的油腻粪便）、鼻涕（“nose flow”）和月经（“moon flow”，在一定期限内的出血，“moon”指的是出血的频率是1个月）。淋病的字面意思是“种子流”（seed flow），指脓液经常性地从阴茎中流出（这里的种子我们一般认为是指精子）。

你认为你排气有问题

1886年，美国军医尼古拉斯·森恩（Nicholas Senn）向他的直肠内注入了6升的气体。他试图证明他发明的一种技术在识别枪伤导致的胃肠道创伤方面有作用。森恩经常治疗那些腹部中枪的士兵，如果子弹没有射穿他们的胃肠道，那么他们就不需要紧急手术。但是如果粪便通过士兵胃肠道上的弹孔泄漏到士兵的腹部，情况就不一样了。任何症状表现和体检都不能确定子弹是否刺穿了士兵的内脏。森恩的解决方案很简单：将气体注入受伤士兵的直肠，看看它是否从腹部伤口中发出嘶嘶的声响。森恩首先在狗身上做了实验。这些可怜的生物被绑在一张桌子上，将它们麻醉后，用一把32口径的左轮手枪向其腹部开枪。开火后，氢气立即泵进它们的直肠当中。如果子弹刺穿了狗的肠道，气体就会从伤口中喷涌出来。森恩会通过点燃释放出来的气体确认该气体是氢气（他还乐观地认为火焰会对伤口进行消毒）。如果子弹没有击中肠道，狗就会因为直肠被泵入气体而异常肿胀。森恩在自己身上注入6升的气体实验证明，人类和狗一样，即使没有枪伤，也能在气体膨胀过程中存活下来，以便减压。森恩这样记录在自己身上的试验：

……有绞痛的感觉，随着充气的推进疼痛会加剧，直到所有的气体排出后痛感才停止，一个半小时后就恢复了。当肠子和胃完全膨胀时，那感觉是非常痛苦的，还伴随着一种模模糊糊的感觉，这让人大量地出汗。大量的气体通过打嗝跑出来，随后会舒服多了。[4]

森恩的技术取得了成功，但当X射线被广泛使用时这项技术就过时了（战场X射线在1897年巴尔干战役期间首次被使用）。一两张快速的X光片可以立即找到受伤士兵体内的子弹是否刺穿了他的胃肠道，而不再需要脱下他的裤子往直肠内注入气体了。

参考文献

[1] Jeffries, S. Whip Hand. The Guardian (8 April 2006). https://www. theguardian.com/sport/2006/apr/08/horseracing.crimebooks.

[2] Bigard, M.A. et al. Fatal colonic explosion during colonoscopic polypectomy. Gastroenterology, 77 (6), 1307–10 (1979).

[3] Suetonius, Divus Claudius 32.

[4] Pilcher, J. E. Senn on the diagnosis of gastro-intestinal perforation by the rectal insufflation of hydrogen gas. Annals of Surgery, 8, 190 – 204 (1888).

泌尿系统不适

日常中，我们把排尿叫作小便、撒尿、嘘嘘或者其他什么。随便怎么称呼，都是一种行为。

尿液是第一个被用于科学检查的体液。这也许是因为它是你体内最容易获得的液体。尿检技术——为了诊断疾病而观察病人的尿液——早在6000年前就被记录在苏美尔和巴比伦医生的泥片上。几千年来（事实上，直到300多年前），尿检一直是医生最主要的诊断工具。尿液被誉为一种神圣的液体，因为它提供了一扇可以看到身体内部运作的窗户。在听诊器、血液化验、CT扫描仪出来之前，医生对于诊断一种疾病没有太多的证据。从逻辑上讲，每天检查从病人体内流出的两升液体似乎是推断疾病的一种可行方法（或许我们可以这么说）。

大约在公元前400年，希波克拉底曾宣称："泌尿系统可以提供人体其他系统如此多的信息。"[1]他认为，尿液是4种体液的滤液——血液、黑胆汁、黄胆汁和痰（他只说对了1/4，即尿液是血液的滤液）。希波克拉底在他的书籍《箴言》（*Aphorisms*）中，对尿液的性质做出了评判，包括颜色（"当尿液是透明色和白色的时候，不是正常的情况"）、稠度、沉积物（"浓尿"指尿液中有麸皮状的颗粒，提示膀胱中存在疥疮），以及气味（一股浓重的气味提示可能存在"膀胱溃疡"）。[2]

希波克拉底将他的推断限于肾脏和膀胱的问题。但是到了中世纪，医生们开始根据尿液的情况对人体可能出现的其他问题进行推断。根据报道，当时认为几乎每种疾病都与尿液中的特定变化有关。13世纪初，法国皇室的御医吉尔斯·德·科贝尔（Gilles de Corbeil）撰写了《尿液》（*On Vrines*）一文，这实际上是一首352节的诗歌，旨在便于学习尿检的学生记忆：

·大量的黑尿，伴随听力差以及失眠，预示着鼻出血（事实上，并不是这样）。

·呈现绿色的尿液可能意味着“子宫疾病”“肺部疾病”“关节疼痛”“癫痫”等。

·“跳舞”或者“性交过度”可能会导致尿液呈“酒色”或“蓝黑色”。

·尿液稀薄呈白色，表明至少存在十几种疾病或症状，包括癫痫、水肿、中毒、头晕、“肝寒”甚至是死亡（以我的经验来看，通过有无脉搏判断是否死亡要比观察尿液变化可靠得多）。如果病人年龄大了，那么解释就不一样了：“这是身体虚弱或者有孩子气的表现。”[3]

到了14世纪，尿检已经变得像德·科贝尔的诗歌一样普遍了。尿液样本必须装在一个特殊设计的玻璃瓶中进行检查，这个玻璃瓶叫作马图拉。马图拉瓶的形状像膀胱，他们相信将尿液放置在它们最熟悉的形状当中，可以提高诊断的准确性。每一名受人尊敬的医生都有这么一个瓶子，他们对着光仔细检查病人提供的体液。在当时，马图拉瓶是职业的象征，就像如今的听诊器和白大褂一样。早期的马图拉瓶被分为4部分：最上部分的尿液与头部疾病对应，然后按顺序依次是胸部、腹部和膀胱。不久之后，人们就制造出了可分为11部分的马图拉瓶，以覆盖身体内的每一个器官。对马图拉瓶的追捧在15世纪达到了高潮，市场上出现了人形的马图拉瓶，分为24个部分。

随着人们对尿检技术信心的增加，一些医生也依然选择不必与患者见面。他们仅仅根据患者提供的尿液样本进行疾病的诊断。这种安排让医患双方都满意。医生每天可以进行“尿液咨询”（通过收取），而不用亲自上门服务。患者也更喜欢尿液检查，因为这比脱掉衣服赤裸全身躺在检查台上更容易让人接受，尤其是对于女性患者来说。

到了16世纪，人们对尿检的狂热已经无法控制。医学手稿的翻译，以前只提供拉丁文版本，使民众更易于接受尿检检查。甚至一些江湖骗子声称能够通过看“一个人的尿液”来预测他的未来，他们把这称为尿术。医术高明的医生试图与这些“尿先知”（即那些声称尿液可预示人的未来的人）保持距离。托马斯·林纳克（Thomas Linarce），1518年在伦敦成立了皇家内科医师学会，嘲笑那些“准备携带病人的尿液，并期望从尿液中得出这个患者一切”的医生，并讽刺地建议他们“病人的尿液就像他们的鞋子一样有诊断作用”。[4]

1637年，内科医生托马斯·布莱恩（Thomas Brian）发表了文章《尿先知》（*The Pisse Prophet*），这是对不严格的尿检的强烈抨击，于是对这项技术致命的一击出现了。布莱恩嘲笑道：“那些假装一本正经讲述医学知识的人运用尿壶科学（无论是江湖骗子还是有经验的医生），通过尿液，给出相同的判断。”[5]他对一些医生不去与病人面对面进行诊断，反而用尿液代替病人的病史和身体检查这一行为表示失望：“……对医生来说，看病人一次比看20次尿要好得好。”随着欧洲进入启蒙时代，尿检不再流行，而被视为巫术伪科学。尿液检查的黄金时代至此结束了。

*

公平地说，那些“尿先知”做对了一些事。在极特殊的情况下，尿液也可以用来预测你的未来（比如说你怀孕了），还可以揭示你的过去（比如你早餐吃了罂粟籽百吉饼上的甜菜根）。尿液当然不是一种“神圣的液体”，但它确实是一个非常方便的诊断工具，我们很快就会发现这一点。但首先，我们要认识一下尿液的制造者——肾脏。

肾脏的颜色和形状都很像肾豆。每个肾约有拳头大小。大多数人都有两个肾脏，它们位于脊柱两侧肋骨下面。但在所有器官当中，肾脏在数量和位置上的变异程度最大。例如，有的人在身体的一侧就有两个肾脏。还有人一侧有一个肾，另一个在骨盆当中，或依附在胸部的肺处，是很危险的异位肾。每500人中就有1个人患有“马蹄形肾”，即两个肾脏在基部融合成一个U形结构。有些人一边有一个肾脏，另一边有两个肾脏（肾脏数是3个），甚至两边各有1对肾脏（总共有4个肾脏）。通常这些解剖学上的变异不会引起生理变异，这些问题都是由于其他原因进行腹部CT扫描时发现的。虽然有一个（或几个）备用的肾很好，但是正常情况下有一个肾就足够存活，这也是为什么你可以放心地捐一个肾给有需要的亲属（捐心脏可就不是这样了）。

不管你有多少个肾脏，每个肾脏的作用都是一样的，它会过滤你的血液。你的肾脏会过滤不断流动的血液中多余的水、代谢废物和多余的化学物质。渗透出来的尿液持续地从与每个肾脏相连的30厘米长的输尿管进入膀胱。在方便的时候，你可以通过一根叫作尿道的管子排出尿液。女性的尿道大约长4厘米。男性的尿道需要穿过阴茎，所以他们尿道的长度约为20厘米。这种长度上的差异是女性比男性更容易患上膀胱感染的主要原因：周围环境中的致病细菌在短管中运动要比在长管中运动容易得多。

当膀胱里有大约150毫升的尿液时，你会感到一种轻微的想要小便的冲动。很难忍耐的尿液量为400毫升，但是这种量下基本不会导致膀胱破裂，但当膀胱内尿液达到600毫升左右时，你可能就会尿裤子了。根据传言，丹麦天文学家第谷·布拉赫（Tycho Brahe，1546—1601）在一次宴会后因为膀胱破裂而死亡。显然，他太有绅士礼节了，没在宴会过程中去小便。但是他更有可能是死于肾衰竭，或者是他的助手约翰内斯·开普勒（Johnhanes Kepler）手上的汞让其中毒。车祸，相较于那所谓的餐桌礼仪，更容易导致膀胱破裂。当汽车突然刹车时，安全带会对膀胱上方的下腹部施加巨大的压力。

离开膀胱后，男人的尿道会进入核桃大小的前列腺。嗯，至少在20岁时还是核桃大小，前列腺会随着年龄的增长而逐渐变大。在50岁后，男性患前列腺肿大的概率与他的年龄大致相当，比如：60岁的中老年男性中约60%患有前列腺肿大；90岁的男性，约有90%患有前列腺肿大。随着前列腺不断增大，它会渐渐地压缩通过它的尿道，尿流可能就会变成微弱的滴流。这种情况下，排尿类似于排便，需要用力才能排出。膀胱排空不完全会让人反复上厕所，这一点让人感到抓狂尤其是夜间。

对于一个前列腺肿大、尿道堵塞的男性患者来说，前列腺切除术可以改善他们的生活质量，尤其是当前列腺完全堵塞了尿道时。当膀胱肿胀并发尿液潴留时，就会引起极度的疼痛。将导尿管插入尿道——小心地穿过阴茎，通过前列腺进入膀胱——可以排出积聚的尿液，立刻缓解症状。我曾经为一位90多岁的老人做过这个手术，他感激涕零，并想要授予我维多利亚十字勋章（他还以为当时是1945年，痛苦已经让他神志极度不清）。

*

每天，有大量的血液流过你的肾脏。心脏每跳动一下，泵出的血液中有1/4会流经肾脏。健康的肾脏每分钟可以过滤120毫升血液，这相当于每天要过滤170升血液。没错，每24小时，你的两个肾脏就要过滤掉一个浴缸的血液。这会产生多少尿液呢？以你的体重为数值，把单位改为毫升，这就是你的肾脏每小时过滤产生的尿量。所以，一个80千克的人每小时大约产生80毫升尿液，即每天产生大概1.9升尿液。

尿液——像黄瓜、水母以及廉价香水一样——其主要成分是水，事实上95%都是水。剩下的5%是血液中溶解的物质。过量的钠离子、氯离子、钙离子和钾离子通过尿液从体内排出。代谢废物——身体内持续的代谢反应产生的副产物——最终也会进入尿液当中。比如说，手臂可灵活活动，靠的是肱二头肌肌细胞内的化学反应提供能量。肌酐是这些反应的代谢废物，它渗入血液当中，再通过肾脏过滤到尿液中。你体内的细胞不断被更新替代。死细胞被瓦解，你的机体可以回收可用的零部件，剩下的大量的废物最终都随着尿液被冲进了马桶。举个例子，红细胞在体内可以存活120天，宝贵的铁离子将从死亡的细胞中被摄取出来再次利用。尿胆红素是红细胞血红蛋白分解的产物，它使尿液呈现黄色。

如果尿液中水分少，无法保持代谢废物呈溶解状态，这些代谢废物就会结晶成为硬块，这就是肾结石。有时候结石会在肾脏内形成一个巨大的鹿角状结构，叫作鹿角结石。肾结石比较常见，70岁左右的群体中约有

19%的男性和9%的女性被诊断出患有肾结石。肾结石80%～90%的成分为钙。食用高嘌呤食物或饮料（如肝脏、沙丁鱼和啤酒）的人很容易患上尿酸结石，尿酸是嘌呤分解的副产物。膀胱感染后可以形成含有镁、氨和磷酸盐的味道发臭的结石。

肾结石一旦形成，它只有一条出路：进入输尿管、进入膀胱、最后进入尿道。锯齿状的结石慢慢滑下30厘米长的输尿管时引起的剧烈疼痛被认为是人类经历的最严重的疼痛之一，与丛集性头痛相当。我曾经治疗过一位患者，她既得了肾结石又怀了双胞胎。当我问她排肾过程与生孩子哪一个更痛苦时，她毫不犹豫地重复道："肾结石！"大多数4毫米以下的石头可以自发排出，但是差不多需要1个月时间。更大的石头可能需要手术取出或者用高能冲击波从侧面冲击石头，让其粉碎后再排出。

2016年进行的一项研究显示，可以通过多喝水或者坐过山车来加速肾结石的排出。[6]泌尿科医生大卫·沃丁格（David Wartinger）教授的一名病人声称，在佛罗里达州迪士尼乐园的巨雷山惊险之旅游乐项目上，他的一块结石排了出来。沃丁格受此启发，开发了过山车技术。沃丁格医生带了一袋假结石和肾脏与输尿管的塑料模型飞往佛罗里达。沃丁格医生将肾脏模型内塞满了结石，并把它放在了过山车上。他表示："模型在飞行过程中经历了急速的转弯与下降，持续了2分30多秒。"他发现，在后座能引起牙齿抖动的震动程度对加速结石排出的效果最好：当模型被放置在后座时，63.89%的结石会自由晃动，而在平稳的前座上晃动率仅为16.67%。对于那些很难自行排出的肾结石患者来说，迪士尼乐园真的是"梦想成真的地方"。

*

饮食会影响你尿液中的成分。比如说，消化鸡胸肉中的蛋白质，代谢废物尿素就会进入血液当中。摄入的蛋白质越多，肾脏需要从血液中清除的尿素也就越多。豆腐、鸡蛋和白软干酪都是非常受人欢迎的高蛋白食物，它们会导致血液中尿素含量激增。然而，血液本身不就是一种富含蛋白质的食物吗？虽然你可能不太愿意吃血（除非你是一个黑布丁迷），但是如果你有胃溃疡并导致了胃出血，可能无意中就会导致胃里有血。当血液通过消化道时，肠道会像消化其他高蛋白食物一样消化里面的蛋白质。这会让血液中的尿素水平增高，如果进行血液检测，这容易让医生诊断为体内有内出血。任何血中尿素水平高的并且痛苦地捂着肚子的患者，都曾被医生认为是胃肠道出血，直到后来有人证明并非如此（另一种解释是，胃痛和尿素高是由于最近在牛排馆的暴饮暴食——这可以根据患者的病史进行鉴别）。

你可以通过吸食或者静脉注射摄入各种各样的东西，这些东西最终都会进入尿液里。运动员的尿检是基于肾脏会将合成的固醇类物质的代谢产物过滤到尿液中。可卡因、大麻、苯二氮卓类药物及海洛因、吗啡和可卡因等阿片类药物的代谢产物最后也会进入尿液中。吃罂粟籽会让你在24小时之内尿液阿片类药物测试呈阳性。美国监狱不提供任何含有罂粟籽的食物，以避免阿片类药物筛查出现假阳性。获准休假一天的囚犯必须签署一份表格，同意在外出时不吃含罂粟籽的食物，以防止他们苦苦哀求“我刚刚只是吃了一个百吉饼，先生”作为他们回来后没有通过尿检的借口。

除了黄色，尿液还可以是彩虹中的任意一种颜色。甜菜尿指的是吃完甜菜后约10%的人会出现令人担忧的红色尿液。利福平，一种用于治疗结核病的药物，导致包括眼泪、汗液和尿液等体液变成橙色。服用利福平的患者最好不要穿白色的T恤（因为会沾上橙色的汗渍）或使用隐形眼镜（他们的眼泪会把镜片染成橙色）。补充高剂量的B族维生素会导致你的尿液成为现代网球的颜色（1972年以前，网球是白色的，后来变成“视觉黄”是因为这个颜色在彩色电视机上转播的效果更好）。铜绿假单胞菌呈现一种迷人的玉石色，也会让感染者的尿液染上同样的颜色。迈克尔·杰克逊（Michael Jackson）死于过量服用麻醉药物异丙酚，这种药能让尿液变为白色、粉红或绿色。

亚甲基蓝是一种无毒的染料，用于手术过程中对特定组织进行标记。如果摄入了它，那么它会通过尿液排出体外。一位曾与我共事过的外科医生就回忆过他曾经做的与亚甲基蓝有关的恶作剧。他小心翼翼地将染料注入透明巧克力中，然后把巧克力放在手术室的公共休息室里。当有人在不知情的情况下吃了这些巧克力后因，因为尿出了蓝色的尿液而惊慌失措。

有些人生来有基因缺陷，这意味着他们不能分解食物中的某些氨基酸（蛋白质的组成部分）。有些代谢废物在血液中积累，并被过滤到尿液中，通常尿液会带有特异性的颜色或气味。有数百种“遗传性新陈代谢紊乱”。其中一些一看名字就能明白，如“枫糖尿症”（指的是尿有甜味）或“蓝尿布综合征”。还有一些名字不那么吸引人，但有这些疾病的患者的尿液气味让人难忘，如游泳池味（见于乙酸尿）、卷心菜味（典型的酪氨酸血症）、鱼腥味（三甲基胺尿症）、鼠尿味（苯丙酮尿症）或汗脚味（异戊酸血症）。

观察你的尿液，有时可以识别出一些肾脏疾病。肾脏从血液中过滤的物质具有选择性。健康的肾脏永远不会将血液中宝贵的红细胞、蛋白质、免疫系统组分（如白细胞）以及葡萄糖过滤出来。如果这些物质出现在了你的尿液当中，这表明你的肾脏没有正常工作。下面就是一些你需要注意的地方：红细胞会让尿液看起来很红；蛋白尿会在马桶中形成巨多的泡沫，可以与一杯轻轻敲击后的吉尼斯啤酒相媲美；白细胞使你的尿液看起来像浑浊的苹果汁。糖尿病患者的尿液中含有葡萄糖，看起来别无他样，但是尝一口是甜的（当然，我不建议你这么做）。糖尿形成的原因是当血糖水平非常高时，过量的葡萄糖大量透过肾脏的过滤系统，最终进入尿液当中。在英文中，糖尿病（diabetes）正确的叫法应该是“diabetes mellitus”，意为“甜蜜过度”。医生托马斯·威利斯（Thomas Willis）在1674年创造了这个词，因为他勇敢地喝了糖尿病患者的尿液，并描述其“非常甜，就像添加了蜂蜜或糖一样”。[7]威利斯并不是第一个说出这样的话的人，公元前6年，古印度医生意识到有些人（即那时候的糖尿病患者）的尿液很甜，可以吸引黑蚂蚁聚集。

*

为了防止死亡，你必须严格控制血液的酸碱度和离子浓度。血液化学微小的偏差都可能是致命的，因为你体内的细胞只能在很窄的化学浓度范围内工作。例如，血液pH必须保持在7.35～7.45之间，以避免昏迷、癫痫甚至是死亡。肾脏负责保持血液中化学组分的平衡。你吃的什么对血液化学组分几乎没有影响。你可以吃一袋盐、一瓶醋或一勺小苏打，肾脏根据需求进行过滤，以保持血液成分的稳定。所以说，“吃某些东西让你的身体归于碱性”和“尿先知”一样不科学。

接下来，请允许我打破一个大多数人都认可的传言——人每天要喝8杯水。事实上，你不需要每天喝八杯水，你只需要在口渴的时候喝就可以了。我需要如此郑重地提出声明也证明了瓶装矿泉水公司的营销能力。“八杯水”的传言最早出现在1974年出版的由美国营养学家弗雷德里克·斯塔雷（Frederick Stare）和玛格丽特·麦克威廉姆斯（Margaret Mcwilliams）合著的《营养有益于健康》（*Nutrition for good health*）一书中。[8]两位作者都建议“每24小时摄入6~8杯水”，但同时也提出了两点声明：饮水量“通常受到口渴感觉的调节”，你吃的食物对每日的摄入水量有显著的贡献。比如，100克的酸奶或土豆泥中含有80毫升的水；吃250克的草莓相当于喝了225毫升的水；即便是看起来干燥的食物都含有水，比如玉米片（含4%的水）和薯片（含2%的水）。唉，营养学家的声明引起了人们的广泛注意，“每日八杯水”的建议成为人们公认的事实，被纳入了国民健康生活指南当中，被健身爱好者虔诚地遵守。但这并不是真理，这是一个传言。人类就像地球上其他的动物一样，渴的时候再喝水完全可以。

不渴的时候喝多余的水对你的肾脏没有丝毫的好处。吞下的水通过肠壁进入血液。如果你摄入水的量超过了身体所需，肾脏只会从血液中过滤多余的水（即分泌更多的尿液）来保持血液化学成分的稳定。

迅速摄入1升的水会使血液中离子浓度迅速降低。即便在最大容量下工作，肾脏也需要一段时间来清除多余的水，使血液中离子浓度恢复正常。与此同时，你的大脑可能会因为液体积聚而肿胀。不断肿胀的大脑变大，颅骨包围的颅腔已经无法容纳下它的时候，它就会挤向枕骨大孔，这可能会导致你立刻死亡。

据报道，有人在患胃肠炎时因过量补液导致水中毒而死亡。除马拉松选手在比赛过程中需要不断地喝水外，参加广播电台举办的饮酒大赛的人以及那些患有精神性多饮症（一种精神疾病）的患者，都有强烈的饮水欲望：

> *在去世的前一晚上，她强迫自己大量地喝水，估计喝了30～40杯，其间穿插着呕吐的症状。她很痛苦，歇斯底里地喊叫着她要喝足够的水。她拒绝接受医疗，在上床后依然继续喝水。后来她睡着了，过了一会儿就死了。*[9]

*

不要用尿来洗澡、漱口或者倒在伤口上。这个建议并非空无缘由，因为历史上好多杰出人物都用上述方式治疗某些疾病。老普林尼（Pline the Elder，23—79）主张用尿液治疗“溃疡、烧伤、肛周感染、皲裂以及蝎子蜇伤”。[10]英国内科医生兼牧师威廉·布莱因（William Bullein，1515—1576）用“高浓度的醋、牛奶和一个男孩的尿液进行洗礼”。[11]法国外科医生安布罗斯·帕雷（Ambroise Pare，1510—1590）用理发盆装满病人的尿液让其在其中浸泡，以缓解眼睑瘙痒。[12]我们之前认识的那位托马斯·威利斯（1621—1675）因糖尿病的命名而出名，他曾建议一位年轻女子喝自己的尿液，以缓解喉咙的“极度酸涩”。[11]

事实上，无论是喝冷冻的尿液还是喝新鲜的尿液，对身体都没有任何的好处，就像化学之父罗伯特·波义耳（Robert Boyle）提倡的那样。[13]你这么做是在侮辱你的肾脏，你迫使它将这些从血液中滤过的废物再次过滤一遍。然而，饮尿者（喝自己尿液的人）却认为这种方式促进了健康。

美国作家杰罗姆·大卫·塞林格（J.D.Salinger）以其1951年出版的作品《麦田里的守望者》而闻名，据说他也是一名饮尿者。当你还在母亲子宫内的时候，其实你也是一名饮尿者。在超声下我们可以看到胎儿在羊水中游动。起初，这种液体来自母亲体内。但是，当胎儿的肾脏在发育第11周开始工作时，羊水的主要来源便为胎儿尿液。到第20周时，羊水基本上全都是胎儿尿了。除了可以缓冲母亲腹部的颠簸与撞击外，胎儿还通过饮入以及排出羊水促进其肺部和胃肠道的发育。女人“破羊水”意味着这个装满尿液的囊破裂，胎儿即将分娩。这可能是唯一一件因为漏尿而让人兴奋的事。

总结：肾脏过滤血液，除去多余的水分和代谢废物，形成一种叫作尿液的体液，不要尝试喝它。要喝水，但是只在渴的时候喝水就够了。

知识链接

宇航员的尴尬

正常情况下，尿裤子是很丢人的，更不用说你穿着厚重的宇航服待在火箭里了。1961年5月5日，宇航员艾伦·谢波德（Alan Shepard）因为发射延迟不得不忍受近8小时的膀胱膨胀。毫无疑问，他对他早餐喝了橙汁和咖啡感到无比后悔。谢波德实在忍受不住了，在无线电里说：“天啊，我要尿了。”[14] 任务控制中心别无他法，只能让他尿在裤子里，但是他们切断了电子传感器，以防止尿液导致触电。当尿液集中在他背部和下方时，谢波德松了一口气，开玩笑地说："我后背都湿了。"在此之后，所有宇航服都增加了尿袋以及排水系统。

哺乳动物排空膀胱需要多长时间

2013年，研究人员带着高速摄像机进入亚特兰大动物园，拍摄各种哺乳动物小便的全过程，试图探寻哺乳动物体型大小与其膀胱排空所需时间的关系。[15] 他们研究结果的论文题为"排尿法则：所有哺乳动物都在相同的时间内排空膀胱"。尽管大型动物相较小型动物有更大的膀胱，可以排出更多的尿液，但是所有被拍摄下来的哺乳动物其膀胱排空平均需要21秒。尿道解剖学可以来解释这一点。体型较大的哺乳动物尿道更长，但是它们能够通过更大的重力和更快的流动速度实现更强劲的尿液喷射。体型较小的哺乳动物排出的尿液要少得多，但它们细小尿道的高表面张力限制了它们尿液的排出，使其呈现缓慢的、单滴的排放。

富有创意的婴儿床广告

尿液检测是第一次被记录的妊娠检测的方式，最早于公元前1350年左右被记录在古埃及医用莎草纸上。怀孕妇女选择了每天用尿液“浇灌”大麦和小麦种子，直到有一颗种子发芽。“如果大麦先长出来，那就意味着怀的是一个男孩；如果小麦先长出来，那意味着怀的是一个女孩；如果两个都没长出来，那孕妇就要疯了。”[16]这种判断胎儿性别的逻辑很难让人理解，但这项测试有50%正确的偶然性。现代妊娠测试的原理是在女性的尿液当中检测一种叫作人类绒毛膜促性腺激素（hCG）的激素。当受精卵在女性子宫内着床后，它会开始分泌hCG。这种激素进入女性血液中，并通过肾脏过滤进入尿液，随时随地可以在妊娠测试中检测到。2018年，宜家发布了一条婴儿床的杂志广告，标题如下：“在这个广告上尿尿可能会改变你的生活。”原来这页广告纸可用于妊娠测试。如果一位女性尿液中含有hCG，那么这页广告纸标记的区域对其尿液的检测可以显示出她怀孕的信息，与此同时，这则广告附赠了一张购买特色婴儿床50%的折扣券。

参考文献

[1] Kouba, E. et al. Uroscopy by Hippocrates and TheopHilus: Prognosis Versus Diagnosis. The Journal of Urology, 177 (1), 50–52 (2007).

[2] Hippocrates. ApHorisms. Translated by Adams, F. (1849). http://classics.mit.edu/Hippocrates/apHorisms.html.

[3] Wallis, F. Medieval Medicine: A Reader. University of Toronto Press (2010).

[4] Connor, H. Medieval Uroscopy and Its Representation on Misericords - Part 1: Uroscopy. Clinical Medicine, 1 (6), 507 - 509 (2001).

[5] Brian, T. The Pisse-propHet, Or, Certaine Pisse-pot Lectures: Wherein Are Newly Discovered the Old Fallacies, Deceit, and Jugling of the Pissepot Science, Used By All Those (whether Quacks and Empiricks, or Other Methodicall PHysicians) Who Pretend Knowledge of Diseases, By the Urine, in Giving Judgement of the Same. London, Thrale (1637).

[6] Mitchell, M. A. & Wartinger, D. D. Validation of a Functional Pyelocalyceal Renal Model for the Evaluation of Renal Calculi Passage While Riding a Roller Coaster. The Journal of the American Osteopathic Association, 116, 647-652 (2016).

[7] Feudtner, C. Bittersweet: Diabetes, Insulin, and the Transformation of Illness. University of North Carolina Press (2004).

[8] Stare, F. & McWilliams, M. Nutrition for Good Health. Plycon Press (1974).

[9] Farrell D. J. & Bower, L. Fatal water intoxication. Journal of Clinical Pathology, 56 (10), 803-804 (2003).

[10] Pliny the Elder. Natural History. Translated by Rackham, H. Harvard University Press (1949).

[11] Sugg, R. Mummies, Cannibals and Vampires: the History of Corpse Medicine from the Renaissance to the Victorians. Taylor & Francis (2012).

[12] Johnson, T. & Paré, A. The Works of that Famous Chirurgion Ambrose Parey: Translated Out of Latine and Compared with the French. United Kingdom, Th. Cotes and R. Young (1634).

[13] Boyle, R. Medicinal experiments or A collection of choice remedies for the most part simple, and easily prepared. London, Smith (1692).

[14] Pappas, C. One Giant Leap: Iconic and Inspiring Space Race Inventions that Shaped History. Lyons Press (2019).

[15] Yang, P. J. et al. Law of Urination: all mammals empty their bladders over the same duration. Fluid Dynamics, arXiv: 1310.3737 (2013).

[16] Burstein, J. & Braunstein G. D. Urine pregnancy tests from antiquity to the present. Early Pregnancy, 1, 288 – 96 (1995).

皮 肤

瘀伤

瘀伤为什么会有五颜六色的变化？

我曾经给一位从马耳他犬身上摔下来的老妇人做过手术。她的右大腿外侧从臀部到膝盖，呈黑色伴有瘀青。在这种情况下，需要手术切开瘀伤的皮肤，吸出凝结的血液。主刀医生的手特别大，切口得很大才能容纳下他这一双手。当他发现这一点时，我咧嘴一笑，把手摊开，向他展示我瘦弱的手臂。接下来的半小时，我排出了老妇人右腿内几罐果酱状的凝血块。她的伤口愈合得很好，1周之后她就和她的狗一起回去了。

瘀伤是因为皮肤下血管破裂出血瘀积在皮肤下面造成的。你也许从来没有仔细关注过你的血管。事实上，你体内的脉管系统连接起来足够把地球包围起来，甚至能围两圈半。乍一看，这似乎有些多了，但是仔细想想，体内37万亿的细胞都需要血液的滋养。那么，近10万千米的血管是不是合理呢？血液在血管中被来回运输。细胞从附近血管内流动的血液中吸取氧气和营养物质，细胞也会将代谢废物，如二氧化碳（血液流经肺部时你会将其呼出体外）以及其他代谢废物（肝脏分解产生或通过肾脏滤入尿液）排泄到血液当中。

你吸一口气，里面含有21%的氧气，当你把它呼出时，里面仍含有

16%的氧气。没错，你吸入的氧气中的一部分又被呼出来了。血液能有效地从空气中摄入氧气，以保证血氧饱和度达到足够的水平。呼出气体含有未利用的氧气是人工呼吸有效的原因，你呼出的气体中仍然含有足够的氧气帮助一位丧失自主呼吸的人。相反，将烟草烟雾排入濒死患者的直肠并不是有效的复苏方式。在18世纪，有医生认为从直肠排入的烟雾能够“温暖病人，刺激心脏”。事实上，他们错了，烟雾只是注入到了直肠内的粪便当中。不实施心肺复苏，患者的心脏没有受到刺激，患者可能就会死亡，到时候只会在验尸台上不停地排放黑烟。为什么呢？事实上，人死后肛门括约肌会松弛，通常会有最后的肠道活动。排气的声音在停尸房很常见，因为体内产生的气体会通过胃肠道排出体外。曾经有一位护士被这件事吓得脸色苍白，声称不久前宣布死亡的病人复活了，因为他放了一个响屁。我跟她说，肠胃排气不是生命的迹象，他肯定已经死了。

10万千米长的血管在体内形成闭合的环路。返回心脏的血液和离开心脏的血液一样——只不过返回心脏的血液营养成分含量少，但携带更多的代谢废物，就像乘坐廉价游轮旅行回来的游客一样。当你思考血管构造时，“闭合环路”这样的概念是显而易见的，但是容易被忽视，除非你直接往那方面考虑（比如说《咩咩小黑羊》《小星星》《字母歌》曲调都一样但是词不一样）。为了形成一个循环，所有流出心脏的血管（动脉）最后必须都得回到心脏。但是回到心脏的血管，我们叫它静脉。在动脉与静脉连接转折的地方（即毛细血管）是瘀伤经常发生的地方。

让我们绕着这个血管环路走一圈吧。心脏通过主动脉喷射出高压富氧血。主动脉的宽度与拇指相当，形状就像一根手杖。它先向上走行几厘米，在与锁骨交会的地方达到最高点，然后下降供给各个脏器，在大腿上方分为两支，分别供应两侧大腿。主动脉位于脊柱的前方，当它向下穿过你的身体时确实会与椎骨相接触。在这个位置，它安全地远离那些尖锐的部分（除非背部受伤脊柱粉碎，锋利的骨头碎片从后面刺穿主动脉）。

主动脉有许多分支。每个分支还会再分支，每个小分支会分为更细小的分支，最后这些分支形成只有一个细胞构成内壁的微小分支：它足够薄，可以让血液中的氧气与营养物质透过细胞壁进入邻近的细胞。这些血管都是你的毛细血管。所有的器官——皮肤、大脑、肝脏，甚至眼球表面——都有密集的毛细血管网。

释放完氧气与营养物质，携带组织细胞代谢废物后，血液必须返回肺部补充氧气与营养物质。毛细血管合并成为静脉，静脉再逐级合并，最终成为一根粗静脉回到心脏。与心脏单一的流出道（主动脉）不同，流入道有两条，一条从上面进入心脏，另一条从下面进入心脏（分别为上腔静脉与下腔静脉）。血液在肺部循环一圈，用二氧化碳（呼气）交换氧气（吸气）。血液就这样优雅地、不停歇地流向全身，无限循环，直至生命结束。根据联合国最新统计数据，2019年出生的人平均生命周期为72.6岁。[1]

如果你的心脏停止了跳动，那么别人使劲按压你的胸部，强迫血液进行循环是有一定作用的。胸外按压是心肺复苏（CPR）的重要组成部分。必须用力按压胸骨，把心脏里的血按压出来，放松时，血液自然而然地又充盈心脏，准备好在下次压缩时再次排出。医生学习技能时都是用柔韧的无肋骨橡胶假人进行按压练习。但是在现实生活中，胸部很坚硬，心肺复苏常常让人筋疲力竭。动作不标准或力度不够都是无效的心肺复苏，有效的心肺复苏甚至会把病人的肋骨压断。如果说可以有幸直接接触到濒死者的心脏，那么可以直接进行心脏按压，像捏压力球一样捏心脏促使血液流动。如果在心脏直视手术中发生了心脏骤停，那么就需要进行这种心脏按压（比如当年抢救戴安娜王妃时就采用了这种方法）。

大多数宽大的血管都位于身体深处，降低了导致致命性出血的风险。但是在一些部位，仍有大血管会贴近身体表面。将手指压在脖子一侧，你能摸到的搏动的就是颈动脉，它是颈部两侧的一对动脉，为大脑提供血液。“颈动脉”一词来自希腊语“核心动脉”，意思是“让人麻木的”，因为压迫这对动脉会暂时性剥夺通向大脑的血液，导致失去意识（看到这里你是不是试着这么做了，好了，赶紧把手指拿开吧）。基于这一点，历史上警方曾经用“颈动脉约束”这项技术使人丧失行动能力。警方从后面用头锁套住嫌疑人，再将他们的手臂紧紧弯曲，绕在嫌疑人的脖子上，对两个颈动脉施加压力。嫌疑人在这种情况下一般会崩溃而丧失反抗能力。但是如果持续时间过长，会导致脑死亡，引发致死性的心律失常，而且如果意外地掐住了气管而不是颈动脉，甚至可以掐死他。由于这个原因，世界各地的警察局都禁止了“侧方颈动脉约束”。

如果颈动脉被尖锐物体划伤，急救方法是立刻压迫颈动脉以防止血液喷出。这个方法也适用于所有出血性伤害。1989年一场冰球比赛中，守门员克林特·马拉库克（Clint Malarchuk）在射门区被对手史蒂夫·塔特尔（Steve Tuttle）用冰刀划破了脖子。马拉库克的右颈动脉被划破了，他后来在自传中回忆道：

伴随每一次心跳都会有一股液体流出……我抓住自己的脖子，试图止血，但是血液一直在指间流动。我向前瘫倒在地面上，血像

喷泉一样涌出。[2]

视频显示，血液从马拉库克15厘米长的伤口中喷涌而出，并以惊人的速度喷射在冰上。评论员惊恐不安，恳求道：“哦，上帝啊！请把相机拿下来，请不要到那里去拍照。”幸运的是，前美国陆军医生兼马拉库克的运动教练——吉姆·皮祖泰利（Jim Pizzutelli）正坐在看台旁。皮祖泰利淡定地来到冰场中，将马拉库克被切断的颈动脉紧紧掐住，防止它继续向外喷血。据说，现场有11名球迷被吓得晕厥过去，2名球迷吓得心脏病发作，3名球员直接吐在了冰场上。在缝合了近300针以及输了1.5升的血后，马拉库克活了下来。让人意外的是，短短10天之后他又回到了赛场上。

皮肤被切开后，血液会从伤口流出来（或者像马拉库克一样，直接喷出来）。但是，撞击、挤压或扭伤并不一定可以破坏皮肤。血液依然从受损的血管中流了出来，但是却被困在了皮肤下面。这些被困住的血液，从皮肤表面来看，就是一种瘀伤。

当病人因为碰撞受伤来到急诊科时，医生通常视具体情况记录为“患者与某物”。比如说，“行人与汽车”或者“壁球与眼睛”（壁球和人眼的尺寸几乎相当，一个瞄得很准的壁球会击裂你的眼球，留下一个空的眼眶）。低强度的撞击造成的瘀伤（胫骨撞到了桌子）会在几小时内出现，因为破裂的毛细血管就位于皮肤表面。涉及深层次结构（如脚踝与坑洞）的损伤会损害更深的静脉。泄漏的血液需要一定时间才能到达皮肤表面，如果你想发朋友圈博得同情，那就等到24小时之后再拍吧。

红、肿、热、痛，这是炎症的4个特征。大约在2000年前，罗马学者塞尔苏斯（Celsus）用朗朗上口的拉丁语韵律诗记录了这些特征：灼热

（calor）、疼痛（dolor）、发红（rubor）、肿胀（tumor）。一个世纪之后，医生盖伦（Galen）在特征中加了一点——“功能丧失”，即组织机能的丧失。任何原因造成的组织损伤——瘀伤、烧伤、烫伤、蜜蜂刺伤——都会释放出复杂的让人窒息的炎症物质进行组织修复。这些物质会促进受伤部位血液流动，所以你刚扭伤的脚踝会又红又热。血流量激增，使修复细胞进入受损组织中，于是脚踝又开始发胀。其他炎症物质会刺激神经末梢，使你产生疼痛，于是你的脚踝无法继续行走。这种功能的丧失迫使你休息一段时间，给组织的愈合留一定的时间。

一旦不小心受伤，可以采取一些措施减少受到的损害。血液，就像枫糖浆一样，在温度低的时候流动速度会变慢。在瘀伤区域敷上冰块可以减缓受损血管血液渗出的速度，从而减轻瘀伤的程度。压迫伤口进行止血会更有效。不要试着移动受伤的部位，因为使用哪部分的肌肉就会促进血液向哪个区域移动，这么做只会促进瘀伤的发展。血液很难向上流动，所以如果脚踝受伤时抬腿也有助于减少局部的血液流动。相反，如果采用了热敷脚踝的方式，或用力移动患腿，瘀伤的面积会更大。

现在，我们来讲一讲你一直想要了解的部分——为什么瘀伤会变色。为了让瘀伤能恢复愈合，你必须要清除掉困在皮肤下面的这些血液。这个过程是通过将血液中的各种蛋白质进行分解来完成的，每种蛋白质被依次消化，直到血液全部被分解干净。恰巧，这些蛋白质的分解产物有着不同的颜色。

首先是红色。因为你的血液总是红色的，不管它携带了多少氧气，它也一直是红色的。为什么血液是红色的呢？因为含有红细胞。为什么红细胞是红色的呢？因为它们富含血红蛋白（每个红细胞内约含有2.5亿个血红蛋白分子）。为什么血红蛋白是红色的呢？因为它含有铁，在与氧气相互作用的时候呈现红色（火星、澳大利亚中部土壤以及一个生锈的罐头也因为铁与氧发生反应而呈现红色）。

并不是所有动物都用血红蛋白输送氧气，所以也并不是所有动物的血液都是红色的。解剖一条水蛭或者分节段的蠕虫会有绿色的血液流出来，这是由于血绿蛋白的缘故。挤压一只海生蠕虫，你会挤出一滩紫色的血。不小心踩在甲虫或海参身上，你会看到它们黄色的血液，因为里面富含钒元素。一些甲壳类动物或者节肢动物用铜作为递氧物质，这使它们的血液呈现蓝色。有一种生物叫作鲎，它们幼子的血液接触到细菌后会形成血块，所以它成为一种非常敏感的污染检测器。鲎血可用来与疫苗、药物以及其他静脉注射的液体混合看是否凝结，以检测有无细菌污染。每年有数以千计的鲎都不情愿地为制药业献出血液。更可悲的是，人类甚至懒得去准确地给它们命名，它们不是蟹类（甲壳类动物），它们是多个种类的节肢动物。

血红蛋白由含铁的4个蛋白质组成。含铁不仅解释了血液为何是红色，也解释了血液尝起来为何像金属的味道。氧气附着在铁上，像搭便车一样在体内进行旅行。当血红蛋白携带氧气时，它是充满活力的红色，就像可口可乐的标志一样。当氧气释放之后，血红蛋白会变成深的甜菜根红色，就像胡椒博士的标志一样。看到这，你可能会说："我手腕里的血管血液显然是蓝色的！"其实这么说不对，它只是看起来是蓝色的。静脉壁，加上外面的皮肤和脂肪，吸收除蓝色以外的其他光波，所以只有蓝光可以反射回来，进入眼睛当中。中世纪的西班牙贵族经常炫耀他们苍白、蓝色的浅脉皮肤，作为他们哥特式血统的证明，以显示自己没有与黑皮肤的摩尔人杂交。西班牙的蓝血说法至今依然是皇室的代名词。请记住，血液永远都是红色的，有时候浅一些，有时候深一些，但是一直都是红色的。不要被有些书里的插图给蒙蔽了，血管内缺氧的血液被画成蓝色的，就像地图上乌干达被画成橙色的一样（因为那是沙漠地区，少水）。所以，如果有人对你说，你的血液确实是蓝色的，只不过出血时因为它接触到了氧气才变红，这完全是胡说八道。

综合前面的讲解，你现在明白了瘀伤最初是红色的原因了吧？是破裂的毛细血管释放含氧的红色血液淤积在皮肤下面。几个小时之后瘀伤会变为蓝紫色，因为周围的组织细胞会吸收黏附在血红蛋白上的氧气。由于皮肤挑剔地反射光波，甜菜根红的缺氧血液透过皮肤看起来就像蓝色一样。很快，体内的清道夫——白细胞就会到达现场。白细胞会吞噬任何不恰当的成分，无论是细菌还是凝结的瘀血。当它们吞噬脱氧的血红蛋白并开始分解消化时，它们产生了彩虹般各种颜色的代谢产物。

几天后，白细胞就会将脱氧血红蛋白分解为绿色的胆绿素。什么是胆绿素？知更鸟的蛋是青蓝色的，就是因为雌性知更鸟向蛋壳中加入了同样的色素，越健康的雌性知更鸟会加入越多的胆绿素，从而产生更明亮的蛋。蒂芙尼（Tiffany）公司的专利包装便是知更鸟蛋的颜色，即蒂芙尼成立后的一年设计的著名的“潘通1837”。如果有人非常傲慢地向你炫耀一条蒂芙尼彩色项链，你可以跟他说这颜色跟瘀伤一个颜色来打压对方的气焰。

白细胞进一步分解使胆绿素变为淡黄色的胆红素。最终，剩余的铁以棕黄色的血铁黄蛋白的形式储存于皮肤当中。血铁黄蛋白停留时间最长，使瘀伤最后呈现棕褐色。白细胞将血铁黄蛋白吞噬后进入血液当中，并带走了任何颜色的痕迹。颜色的消失，标志着瘀伤最终愈合了。

瘀伤处血液蛋白质的消化速度有差异，所以可能看起来呈现斑驳的紫色、黄色和绿色。在艺术界，凡·高是混合颜料的大师，他患有严重的精神疾病。1889年，凡·高进入法国圣雷米的一家精神病院，医生给他开了洋地黄，这是一种从植物毛地黄中提取的药物。高剂量的洋地黄会影响视觉，让你看到物体周围带有黄晕，就像星空一样。没错，凡·高在作品中如此钟爱黄色也许是洋地黄的副作用导致的，而非什么艺术灵感。如今，洋地黄被用来治疗心律不齐，但我们也知道，它对治疗精神疾病没有任何的作用（也许病人担心他们存在心律不齐的情况，服用洋地黄也算缓解了焦虑吧）。

尽管你非常小心了，但有时候还是会把指尖夹在活页本夹里，或是在扣上自行车头盔时夹掉下巴的一小块皮肤，这些都会导致皮肤受伤。可能你的协调能力没有给人留下印象，但是上面的内容至少让你加深了对瘀伤的了解。

总结：瘀伤是指血液被困在皮肤下面。机体通过将血液分解为不同的物质来促进瘀伤愈合，而每一种物质都有着不同的颜色。

知识链接

黄疸是怎么一回事？

肝功能衰竭的患者浑身呈现黄色——即黄疸——是由淡黄

色的胆红素在皮肤中沉积导致的。受损的肝脏不能分解体内红细胞代谢产生的胆红素。一个红细胞能存活大约120天，当它死亡后，它会被白细胞按照既定的顺序进行分解，先是分解为胆黄素，再是胆红素。肝脏的任务是清除血液中游离的胆红素。如果你的肝脏很健康，那么它会将胆红素混合到胆汁当中，并将胆汁存储于胆囊里，之后喷射进入肠道中。肠道细菌将胆红素分解为无色的尿胆素原，然后将其分解为棕色的粪胆素（使粪便呈现棕色的物质）。在尿胆素原转化为粪胆素之前，一些尿胆素原渗入血液当中，再通过肾脏进行过滤，经尿液排出。当尿胆素原与氧气接触后，它变为鲜黄的尿胆素，使尿液呈现黄色。

受损的肝脏无法从血液中摄取胆红素。积聚的胆红素，没有地方去，只能沉积在皮肤中，让其变黄。因为没有胆红素通过肝脏进入肠道，所以粪胆素的缺失意味着患者的粪便变为垩白色。

胎儿通过胎盘从母亲的血液中获取氧气。但是当婴儿出生之后，它需要自主呼吸获取氧气。胎儿血红蛋白的结构与新生儿不同，胎儿的血红蛋白需要从胎盘中结合氧气，但是新生儿的血红蛋白需要从空气中结合氧气。婴儿出生后，随着血红蛋白的转换，红细胞发生大量的更替。随着红细胞的分解，许多新生儿变得有点儿黄，因为他们功能尚不成熟的肝脏无法承担大量的胆红素的清除任务。在严重的情况下，新生儿血液中胆红素水平会急剧上升，不仅让皮肤沉积的胆红素达到饱和，还可能溢出到大脑。大脑确实会变成亮黄色（很遗憾的是，我们是通过尸检才发现了这一事实），这会造成大脑永久性不可逆的损伤与死亡。为了防止这种可怕的并发症的发生，我们会把患有黄疸的新生儿放在看起来像日光浴床的装置上加速胆红素的分解。蓝光将皮肤中的胆红素分解为新生儿可以通过尿液或粪便清除的物质。治疗前会提供一个漂亮的眼罩使治疗更轻松愉快，虽然这对新生儿来说是不好的经历，但这些照片也为孩子21岁的生日派对提供了极好的素材。

铁与葡萄

克罗地亚富含铁的红土是种植葡萄的理想土壤。一串串深紫色的特朗葡萄被压榨制作成葡萄酒，当地人称其有血的颜色和味道——土壤中的铁赋予了葡萄酒金属的味道。当时还有这样一个传统，产妇如果分娩时出血较多会喝特朗酒来补铁（或者她们只是喝醉了，不记得自己的所作所为）。

通过“瘀伤”来进行治疗

在一些古代文明中，有种方法是通过故意创造瘀伤来治疗某些疾病。拔罐技术就是其中之一。在皮肤上放置一个中空装置，通过冷却或气泵产生吸力，毛细血管受压破裂，造成瘀伤。据说，这样可以排出体内那些所谓的“毒素”。来自公元前700年的一块新亚述泥板记载了当时人们会通过“吮吸、嘴或者水牛角来拔火罐”。

你真的不想有的瘀伤

骨裂英文叫hairline fracture，但它可并不是说发际线（hairline）折了，而是指骨头上出现毛发样微小的裂痕。不过，确实存在发际线这里的骨头折了这个可能。颅骨骨折造成的后果可能非常严重，因为附近有许多重要的柔软的器官，没被骨碎片刺破是最好的情况了。眼眶周围的瘀伤以及耳朵周围的瘀伤表明，颈后部颅底发生了骨折。耳后部的瘀伤被称为“战斗的标志”，1890年，外科医生威廉·亨利（William Henry）在《柳叶刀》上首次描述了此类瘀伤，并给出了一些理智的建议：

……除非观察到了外渗物，否则【战斗的标志】很容易被忽视，耳朵会盖住它，特别是耳朵很大或者病人的头发没被剃光时。[3]

参考文献

[1] World Population Prospects 2019: Ten Key Findings. United Nations, Department of Economic and Social Affairs, Population Division (2019).

[2] Malarchuk, C. & Dan Robson, D. A Matter of Inches. TriumpH Books (2014).

[3] Battle, W. H. Lectures on some points relating to injuries to the head. Lancet, 1, 57 - 63 (1890).

瘙痒

“幸福就是所有痒处都能挠到。”

奥顿·纳什（Ogdon Nash，美国诗人）

无法缓解瘙痒是非常让人痛苦的。美国国家航空航天局的宇航员将维可牢尼龙搭扣贴在头盔里，鼻子能够到的地方，以防止太空行走时被划伤。据“阿波罗17号”的宇航员哈里森·施密特（Harrison Schmitt）说：“每个人似乎都同意使用一个维可牢尼龙搭扣。”将自作自受的瘙痒作为忏悔的一种形式最早可以追溯到《旧约全书》中。虔诚的传教士，穿着粗麻布或者粗编动物毛发制成的汗衫，这种材料紧贴在皮肤上让人瘙痒难耐，他们以此来折磨自己的肉体，救赎自己的灵魂。虱子经常跑到衬衫里，这也进一步加剧了瘙痒的程度。据说，中世纪的查理曼大帝（Charlemagne）死后，1170年坎特伯雷大主教托马斯·贝克特（Thomas Beckett）在坎特伯雷大教堂被刺杀时，1534年托马斯·莫尔爵士（Thomas More）因拒绝宣誓效忠亨利八世被关押进伦敦塔时，他们身上都穿着这样的衣服。

莫里哀在其作品《伪君子》中写道，等待虚伪之人的永恒性惩罚是“无论做什么都无法缓解的强烈的瘙痒”。

如果说瘙痒是地狱，战争也是地狱，那么在战壕中发生瘙痒可谓是地狱中的地狱。瘙痒无情地折磨着远赴第一次世界大战前线的士兵们。虱子在士兵们身上聚集，啃咬他们的皮肤。在如此艰苦的情况下，有效控制虱子的侵扰是不太可能的。士兵们的皮肤和制服上布满了虱子及它们的粪便。在“除虫站”中例行用萘（樟脑球中的主要化学物质）清洗布满虱子的制服，除了让这些男人闻起来像祖母的橱柜一样，除虫的收效甚微，但是可能至少算一种怀旧的安慰吧。强烈的洗刷使得虱子脱落，但是黏黏的卵依然在上面。仅仅在穿上刚洗过的衣服几小时后，男人们的体温又将这些隐藏的卵孵化了出来，又释放了子代的虱子。因为瘙痒难耐，士兵们会用火烤身上，把这些小动物烧成灰烬，享受虱子被烘烤时那令人满意的“爆裂”声。艾萨克·罗森博格（Isaac Rosenberg）是一战期间著名的战壕诗人，在他的诗《不朽》（1918年撰写）中，描述了那令人发狂的瘙痒：

我杀了它们，但是它们依然活着。
是啊！没日没夜。
因为它们，我昼夜难眠，
无法躲避，也无法逃离。
翻来覆去，辗转反侧。
在斗争中只见双手变得通红。
不过是徒劳罢了——杀灭的速度不及它们繁殖的速度，
它们比之前更加残忍。
我疯狂了，不停地杀啊杀，
我一直地杀，直到筋疲力竭。
但是它们依然折磨着我，
因为魔鬼只会在寻欢作乐中才会死去。

我以为魔鬼隐藏在女人的欢笑与狂欢的美酒中。
我叫他撒旦，别西卜，
但是现在我叫他，肮脏的虱子。[1]

唉，那些肮脏的、杀不死的虱子，比罗森博格所知道的恶魔还要邪恶。让人难受的瘙痒只是叮咬的开始，体虱还可以通过粪便传播疾病。虱子每一次排便，都会在士兵的皮肤上沉积细菌。如果士兵挤压或者“烧裂”它们，那么富含细菌的内脏就会溅到他们身上。使劲地挠会造成皮肤进一步损伤，使细菌通过伤口进入体内，很快就会发生感染。两种由虱子传播的病原体在一战期间引起了疾病的流行。五日热巴尔通体引起壕沟热，这种疾病相对比较轻，只引起发热和胫骨疼痛。但是另外一种病原体——普氏立克次氏体，是导致更致命的斑疹伤寒的原因。斑疹伤寒来自希腊语“朦胧”，指的是那些患者不清醒的精神状态，他们还伴有发烧、皮疹、肌肉疼痛和血压下降。斑疹伤寒的流行摧毁了一战东边的战线，约3000万人感染，300万人死亡。

*

1600年，德国医生塞谬尔·哈芬雷弗（Sameul Hafenreffer）给瘙痒下了一个含糊的定义：“……一种不愉快的感觉，引起人们挠的欲望或反射。”这是对我们熟悉的这个事件链的准确描述，但是对想要了解瘙痒是如何产生的没什么太大的用处。在哈芬雷弗试图明确瘙痒的定义的400多年以后，人类已经有能力登上月球。但是我们依然不知道瘙痒是如何产生的。

让我们先从我们知道的事情开始。瘙痒的感觉会让你把注意力放在刺激皮肤的物质上。皮肤是抵御感染的第一道防线，是体内的器官与外部充满细菌的世界的屏障。破损的皮肤就像车窗破裂的装甲车一样。你感觉到瘙痒会迫使你去挠，这是一种在潜在危险因素刺破或污染你的皮肤之前将其清除的行为。抓挠行为是动物界广泛使用的一种预防感染的方式。海豹用鳍擦头，马利用栅栏杆蹭自己脏脏的鬃毛，寄生虫感染的狗将肛门在地毯上蹭来蹭去，甚至果蝇感染了螨虫后也会自我摩擦（是的，苍蝇会感染螨虫，细菌也会感染病毒）。

你能在虫子叮咬之前将其驱赶的能力依赖于它们在叮咬之前扑动的脚引起的瘙痒感。它们肮脏的口器会将导致疟疾、登革热、黄热病、寨卡病毒病、乙型脑炎、莱姆病的病原体注入你的血液中——我只是举了几个例子。但不仅是叮咬人类的昆虫可以传播疾病。2017年一项让人不安的研究显示，家蝇体内含有300多种细菌[2]（从大肠埃希菌到幽门螺杆菌）。尤其是苍蝇的翅膀和脚，含有大量的细菌，正如研究员史蒂芬·舒斯特（Stephan Schuster）所说："这表明细菌将苍蝇作为空气传播的航空器。"

*

我们再来聊聊皮肤可以区分的感觉范围，包括猫尾巴轻轻掠过皮肤表面，厚厚的床垫所产生的压力，电动牙刷对手掌产生的振动，粗糙羊毛衫的袖子产生的瘙痒……皮肤非常敏感，因为它布满了感觉感受器。你可以把它们想象为微小的触角，每一个都通过周围神经连接到中枢神经系统。任何接触皮肤的东西都会触发一些感受器，通过这些神经传递信号，让你的大脑收到信息。

身体的某些部位需要有比其他部位更敏感的感受器：指尖用于手指灵活活动，比如找到胶纸的末端；生殖器用于保护你的基因系，仅仅是温和的敲打都会引起难忍的疼痛。另外，交配过程中产生的愉悦感会让你乐意去繁衍后代。任何一处皮肤的敏感性取决于内含感受器的密度。小腿上的皮肤含有少量的感觉感受器。相反，异常敏感的指尖上布满了感觉感受器，你甚至可以感觉到最轻微的刺激。

皮肤可以检测到的每一种感觉，都有着自己独特形状的、名字新奇的受体类型。这就是为什么你不会把口袋里的手机振动的响声与蜜蜂嗡嗡的响声相弄混，因为不同的感觉（振动或疼痛）会触发不同的感受器。下面我们来了解一下它们吧。

“迈斯纳小体”是皮肤中像香肠一样的感觉感受器，可以探测轻微触碰。*

压力激活了皮肤内烛台状的“默克尔小体”**，振动会激活皮肤内的“帕西尼小体”（它看起来像一颗洋葱）***，足球形的“鲁菲尼小体”****是检测拉伸的皮肤感觉感受器。

当皮肤检测到瘙痒和疼痛等让人不愉快的感觉时，它会经济地共享同

---

* 乔治·迈斯纳（Georg Meissner，1829—1905），德国解剖学家，在哥廷根（这是一个以香肠而闻名的小镇）学习医学。他在1852年发现了一种受体，可以检测到轻微的接触。

** 弗里德里希·西格蒙德·默克尔（Friedrich Sigmund Merkel，1845—1919），德国解剖学家，开创了“红色为动脉，蓝色为静脉”的脉管颜色标记系统，但也误导了人们对血液真实颜色的认知。

*** 菲利波·帕西尼（Fillipo Pacini，1812—1883），意大利解剖学家，分离出霍乱的病原体霍乱弧菌。

**** 安杰洛·鲁菲尼（Angelo Ruffini，1864—1929），意大利解剖学家，对两栖动物的胚胎发育很感兴趣。

一个感觉感受器。与其他受体不同，它没有创造性的形状和奇特的名字。检测瘙痒和疼痛的感受器看起来就像一根已磨损的绳子，被称为痛觉感受器，来自拉丁语“伤害”（nocere）。痛觉感受器使大脑处于接触皮肤的潜在有害刺激的神经信息传导环路中。

同样的感觉感受器——痛觉感受器——对瘙痒和疼痛都有反应，这难道不奇怪吗？这表明两种感觉是相关的。没错，但这种关系的本质非常复杂。

研究人员曾经认为瘙痒是比较温和的一种疼痛形式。这两种感觉代表了让人难受的皮肤感觉谱中完全对立的两端，但是被相同的感受器检测到，并且沿着相同的神经通路将信息传入大脑。轻微的刺激（比如说毛衫紧贴皮肤）会导致瘙痒；较强的刺激（比如赤脚踩在一块乐高玩具上）会引起疼痛。但是你可能发现了这个强度理论存在一定问题。踩到乐高玩具所带来的痛苦并不会减轻成为瘙痒。如果你轻轻踩乐高玩具，只会疼得轻一点儿，但是不会发痒。蚊子新咬的肿包只会越来越痒，而不会疼。当然，你对瘙痒和疼痛的反应也是截然不同的。你对瘙痒的反应是去抓挠刺激物，你对疼痛的反应是拉开受影响的部位。

现在，我们来想想抓挠本质上是什么。其实是你自主造成的痛感。用力抓挠你的手背，你会发现，在不痒的情况下抓挠会让你感到疼。除如果你感觉痒的话，抓挠之后并不会疼，反而感觉跟上了天堂一样舒服。除了抓挠之外，其他导致轻微疼痛的因素都可以缓解皮肤瘙痒，比如冰和辣椒素（一种赋予辣椒热和辣的化学物质）。

为什么疼痛可以缓解瘙痒？这是痛觉感受器工作的一个怪癖：当它们同时面对瘙痒和疼痛的刺激时，它们会搁置瘙痒信号，优先传输疼痛信号。

这其实很公平，皮肉之伤要比肘部发痒更需要注意。抓痒的感觉很舒服，因为你引起的轻微疼痛会让大脑释放出增强情绪的神经递质5-羟色胺。但这种快乐是短暂的。5-羟色胺同样会放大传输到脊髓上的瘙痒信号。不久之后，瘙痒会再次卷土重来。想要打破瘙痒—抓挠的恶性循环需要强大的意志力，对我们这些经常被蚊子咬且抓痒抓到出血的人来说，这个我们可太了解了。

目前公认的是，瘙痒和疼痛不是一种感觉。但当我们谈到瘙痒时，研究瘙痒的科学家们又分为了两个阵营。“特异性理论”的支持者认为，一些痛觉感受器只对瘙痒有反应，不对疼痛产生反应，瘙痒信息沿着特定的瘙痒神经传输到大脑。相反，“模式理论”的支持者认为，瘙痒和疼痛的感受器与神经纤维是一致的，但刺激信号发送的模式不同，可以让大脑分辨出瘙痒的刺激以及疼痛的刺激。

所以说，有关瘙痒的研究，我们目前还仅仅停留在表面。

*

如果你感到发痒，引起瘙痒的原因通常可以锁定为以下三方面：皮肤、引起瘙痒的化学物质、大脑。

基于皮肤的瘙痒

干燥的皮肤，就像干燥的河床，形成道道裂痕。这种皮肤很容易发痒，因为致痒物质顺着裂缝进入，直接刺激皮肤痛觉感受器。如果皮肤失去了它的皮脂层，那么它就会脱水。常见的使皮肤皮脂分泌减少的原因有过度清洗、皮肤老化、晒伤、低湿度以及空调环境。湿疹患者（也叫作特应性皮炎）由于炎症导致皮肤屏障被破坏，所以难以保持皮肤湿润的状态。丝聚合蛋白是将皮肤细胞连接在一起的蛋白质，丝聚合蛋白基因的遗传缺陷是皮肤干裂的罪魁祸首。就像砖墙的砂浆一样，错误的丝聚合蛋白会导致皮肤敏感干裂。强效保湿霜是治疗湿疹的重要手段。

患有湿疹的小孩不明白为何不允许抓痒，很难控制他们不去抓挠，走投无路的父母不得已只能剪掉孩子的指甲，甚至在睡觉时给孩子手上戴上一副棉质手套。但是想要抓挠的欲望依然非常强烈，有些严重的会给自己挠出血，挠后的伤口还易发生感染。我曾经在一家儿童湿疹诊所工作，我的任务是给这些患儿涂润肤霜，然后用绷带包扎住他们的四肢，使润肤霜能有效地被皮肤吸收。可怜的孩子不得不被捆很长时间，同时还要承受来自没有同情心的兄弟姐妹无情的嘲笑。为了减少治疗过程带来的创伤，我鼓励孩子们假装自己是木乃伊，为了扮演好这个角色，他们去追他们的兄弟姐妹，伸出缠着绷带的手臂，同时发出低沉的呻吟。据说这是一种非常有效的反嘲笑的方法。

基于化学物质的瘙痒

如果某些化学物质接触到你的皮肤——比如毒常青藤、昆虫的分泌液、水痘的水疱液、让你过敏的东西以及稀奇的发痒粉——皮肤会释放出发痒的物质，让你的痛觉感受器超速行驶。组胺是这些物质中最有效的一种。当痛觉感受器与组胺结合后，它会向大脑发出强烈的瘙痒信号，导致你抓挠。许多成年人脸上有明显的疤痕，很多是小时候抓挠水痘后留下的。

组胺也是蚊虫叮咬后引起瘙痒的主要原因。蚊子用稻草状的喙刺穿你的皮肤（蚊子的喙的数量是偶数，它们的口器包括6个小长矛，而不是1个），在吸血之前，它们会先把唾液滴入你的体内。这时，皮肤对蚊子释放的唾液产生反应，释放大量的组胺。那么，为什么瘙痒没有立刻发生呢？因为那些可恶的蚊子已经发展出一种狡猾的能力来逃避我们的抓挠防御机制，它们的唾液中含有一种局部麻醉剂，会让你感觉不到它已经在叮咬你。当麻醉效果过去之后，吸饱血的蚊子早就飞走了。裸露的瘙痒感十分强烈，因为蚊子并不是只向你体内分泌一次唾液，它在吸血的时候不断向外分泌。蚊子只想填充红细胞，而不是红细胞漂浮的血浆。为了节省胃部空间，蚊子会把吸出的血浆吐回你体内，再给你注入更多的唾液，之后引起皮肤组胺强烈释放——引起难耐的瘙痒。

致痒物质并非总来自外界环境，它们也可以由体内衰竭的器官所产生。肾脏与肝脏负责清除血液中各个组织细胞代谢反应产生的废物。如果这两个器官当中有一个不工作了，那么就会因为血液中代谢废物的积累而引发瘙痒，代谢废物到达皮肤，刺激痛觉感受器。尿素是肾脏衰竭患者皮肤瘙痒的罪魁祸首。尿素过多使得皮肤饱和，于是尿素会从毛孔中渗出，在皮肤上结晶，留下一层叫作“尿素霜”的糖霜状皮肤涂层。希腊内科医生阿雷塔乌斯（Aretaeus）在2000多年前首次描述了因肝功能衰竭而引发的瘙痒，他将症状产生的原因归结为“多刺的胆汁颗粒”。而且，肝功能衰竭的患者手掌和脚底的瘙痒感会异常强烈。

大脑驱动性瘙痒

最后，是你的大脑决定你会不会感觉到痒。皮肤中的痛觉感受器会向大脑发送所有它们接收到的瘙痒信号，但是大脑的工作是对这些信号进行适当的解读以及做出恰当的反应。大脑内多个区域被瘙痒信号激活，包括情绪处理区域（让你感觉不愉快的区域）和冲动控制区域（让你产生强烈的抓痒欲望）。情绪也会影响你的瘙痒感。2012年，一篇发表在《英国皮肤病学杂志》（*The British Journal of Dermatology*）上的研究表明，相较于看“正面情绪”的电影（如《快乐的大脚》，一部关于企鹅的歌舞动画片），看完“负面情绪”的电影（如《不可撤消》，讲的是一位男子试图报复强奸他女朋友的罪犯的故事）剪辑片段后，受试者的瘙痒感更强烈。[3]

作为最终的仲裁者，你的大脑也可以自己产生瘙痒的感觉。脑部引起的瘙痒尤其令人痛苦。因为皮肤上没有瘙痒的刺激物，抓挠并不能缓解瘙痒，这就像试图在电脑屏幕上涂白色液体来纠正打字错误一样。

寄生虫妄想症是一种精神性疾病，患者始终坚持一种错误的想法，即认为他们感染了某种寄生虫。患者常常经历“蚁走感”——一种好像蚂蚁在皮肤上爬行的感觉——来自拉丁语“formica”，意为蚂蚁。我曾经接诊过一位严重烧伤的厨师，他并不是因为厨房着火被烧伤的，而是他每天用未稀释的漂白粉洗澡以杀死那些在他身上爬来爬去的实际上并不存在的虫子造成的。给予他精神方面的药物治疗让他回归了正常的生活。像冰毒和安非他命这样的甲基苯丙胺类物质会通过蚁走感让患者产生皮肤有虫子爬的视觉幻觉。当然，吸毒者将这些想象中的虫子称为“冰毒螨”“虚幻爬虫”，我个人还是喜欢叫“安非他命的副作用”（我了解的这些词源学/昆虫学的知识是从一位吸毒者那里得来的，他曾经因为抓痒产生感染而去了急诊科就医）。

读这一章的时候你可能会不自觉地感到瘙痒。说实话我在撰写这一章时也挠了自己好几下。当你将注意力放在瘙痒上时，易受影响的大脑就会让你也参与其中。跟打哈欠一样，瘙痒也是一种传染性的行为。但是，打哈欠在具有高度同理心的人中易于传染，瘙痒可不是。2012年，一篇题为《瘙痒传染性的神经基础以及为什么有的人更容易瘙痒》（*Neural basis of contagious itch and why some people are more prone to it*）的论文表明，同理心在瘙痒的传染中没什么太大作用，相反，那些神经质的人或是那些经历了更多负面情绪的人，更容易感到瘙痒。[4]更重要的是，打哈欠的传染性只发生于社交能力强的灵长类动物中，但是瘙痒的传染性还可以发生在愚蠢的老鼠之间（文章需要，无意冒犯）。传染性瘙痒可能是一种遏止寄生虫感染的方式。部落成员抓痒次数的增加可能预示着虱子的暴发。加入他们一起抓痒，可能会把别人身上掉下来的虱子弄到自己身上。

这就是虱子在人类之间传播的方式——物理接触。据报道，在皮克斯电影上映期间，除虱诊所的生意异常火爆，因为拥挤的电影院里虱子可以从一个小孩身上轻易地传播到另一个小孩身上。寄居于人体的虱子有3种：头虱、阴虱和体虱。头虱喜欢寄居在我们头上较细的头发之间；阴虱喜欢寄居在腋毛、阴毛、睫毛或胡子等地方；体虱则一般待在衣服里，直到它们饿了才会出来。

在英文里，“nits”指的是虱子的卵，而非虫子本身。“crabs”是阴虱的俚语，因为这些小动物看起来跟螃蟹（crab一般意思为螃蟹）一样，包括它们的爪子。希腊语中，根据蟹形星座的名字和相关星形符号，蟹（crab）代表了邪恶（cancer）。而cancer也代表一种疾病，即癌症——因为医生认为肿瘤引起静脉肿胀像螃蟹一样，因此而得名。英国士兵将体虱称为“cooties”，一种俚语，包括了体虱、头虱与阴虱。昆虫学家要求词源学家解释一下这个词的来源含义，词源学家认为这个词可能来自马来语“kutu”。但是绝大部分英国士兵不会说马来语，所以“cooties”更有可能起源于“coot”（白骨顶）——一种身上存在大量寄生虫的水禽。

总结：瘙痒是一种令人很难受的皮肤感觉，让你忍不住想要抓挠。瘙痒可以保护你的皮肤免遭昆虫刺激，但是抓挠可能会破坏皮肤，引起感染。

知识链接

鲸鱼和藤壶

鲸鱼跃身击浪是非常壮观的景象，但是它们为什么要这么做呢？雄伟的跳跃或许是在向其他鲸鱼传达身体很好的信号，但是也可能只为了好玩。或许，它们击浪还有另一种原因，因为它们感觉发痒。粗短的鲸鳍够不到太远的地方，刮不掉身上的寄生虫。但当一头巨大的鲸鱼冲向天空，又重重砸回水面时，它会让身上那些小动物飞起来。鲸鱼最讨厌的是黏附在它们表面的阴茎像触手一般的雄藤壶（阴茎的长度达到了体长的8倍，相对于任何动物的体型，它们的阴茎最长），可能是雄藤壶在宿主皮肤上游动寻找雌藤壶时让宿主感到发痒吧。唉，度假者花了钱观赏鲸鱼，结果实际上却是看一头愤怒的鲸鱼试图赶走鳍背上烦人的藤壶。

探寻脊髓束引起的瘙痒

瘙痒和疼痛信号沿着脊髓中同一条神经进行传导。医生根据一场叫作脊髓前侧柱切断术的脊髓手术后产生的副作用发现了这一事实。该项手术技术于1912年被发明，用于治疗身体一侧有严重疼痛的患者，比如说肿瘤侵蚀腿骨等。在那时，人们都知道疼痛信号是沿着脊髓两侧的神经束到达大脑的。就像切断一根电话线一样，通过手术切断一侧的神经束可以阻断一侧身体的疼痛信息传达到大脑（比如肿瘤引起的某一侧腿的疼痛）。

该手术先是在病人耳垂下方开刀，主刀医生依次切开皮肤、脂肪、肌肉以及骨骼，直到暴露脊髓。先深呼吸后（我假设的），外科医生就会在那一侧的脊髓切开几毫米，以切断那侧传递疼痛的信号通路。术后，患者并没像预想的那样身体一侧的疼痛消失。但是奇怪的是，患者发现同样一侧对瘙痒的敏感度大大降低了。病例报告很快发表于各大医学期刊上。一例行脊髓前侧柱切断术的病人都没有注意到在其身体一侧不断刺激皮肤的毒常春藤。1950年发表在《大脑》（*Brain*）上的一篇文章指出：进行了脊髓前侧柱切断术的患者不再饱受蚊子的困扰了。[5]结论很清晰：外科医生在手术中切开的携带疼痛信息的神经也携带瘙痒信息的神经。这里顺便说一下，亨利·黑德爵士（Henry Head）在1905—1923年间担任《大脑》杂志的主编。有意思的是，1954年罗素·布里恩爵士（Russell Brain）成为了新一任《大脑》杂志的主编。布里恩爵士还撰写了许多让人难以理解的神经学专著，包括《脑神经系统疾病》（*Brain's diseases of the Nervous System*）和《大脑的临床神经学》（*Brain's Clinical Neurology*）。

参考文献

[1] Rosenberg, I. The Immortals. The Isaac Rosenberg Literary Estate, The Imperial War Museum. First World War Poetry Digital Archive.http://ww1lit. nsms.ox.ac.uk/ww1lit/collections/document/1703.

[2] Junqueira, A. C. M. et al. The Microbiomes of Blowflies and Houseflies as Bacterial Transmission Reservoirs. Scientific Reports, 7 (1) (2017).

[3] Laarhoven, A. I. M. et al. Role of Induced Negative and Positive Emotions in Sensitivity to Itch and Pain in Women. British Journal of Dermatology, 167 (2), 262 - 69 (2012).

[4] Holle, H. et al. Neural basis of contagious itch and why some people are more prone to it. Proceedings of the National Academy of Sciences, 109 (48), 19816 - 19821 (2012).

[5] White J. C, et al. Anterolateral cordotomy: Results, complications and causes of failure. Brain, 73, 346 - 67 (1950).

过敏

有这样一种东西，它有外壳，能量高，
每年有数以千计的人因它而死，你知道是什么吗？
我说的可不是什么简易爆炸装置，而是坚果。

我曾经治疗过一名美国少年，他告诉我他对蔬菜酱（他说这东西让他感到恶心）和桉树（有香味的马桶喷雾让他眼睛流泪）过敏。事实上，像他这样对某个东西味觉上和嗅觉上的厌恶并不是过敏。他所谓的“过敏”，可能是出于对父亲的不满（他的父亲带领全家搬到了墨尔本），所以他表现出对澳大利亚的食物和植物的厌恶。通常我会抓住这个机会向他解释过敏发生的机制。但是他现在被麻醉了，要切除左臀部的一块脓肿，所以现在不是时候。

并不是说接触某物品后产生了不适反应就叫过敏。许多所谓的“过敏症”只不过是某物的副作用罢了。比方说，可待因和芬太尼等阿片类药物会导致便秘，但是不能说它们导致了过敏。除了阻断了疼痛感受器，这类药物降低了肠道挤压的速率，因此粪便在体内停留的时间更长了。阿司匹林和布洛芬之类的药物会让你胃痛，但是不会让你“过敏”。这些药物限制了胃细胞排出黏液的能力，使得没有保护涂层的胃壁受酸的侵蚀而发生溃疡。如果说，某个物质的不良反应真的是过敏，那么损伤一定是由免疫系统带来的。

免疫系统是帮助机体抵御感染的组织、细胞与化学物质。它不断地监视着入侵者，比如说细菌和病毒。白细胞是警卫队（实际上它们是透明的，而非白色的，之所以叫白细胞，是因为它们缺乏红细胞中的红色素）。它们在血液中流动，在皮肤内徘徊，覆盖了肠道与呼吸道。白细胞会仔细检查你接触到的、吸入的或者吃下的东西。在它们看来，你的体内包含了应该有的东西（比如说肾脏）、可以有的东西（比如说吃下去的芦笋）以及不应该有的东西（比如针虫）。表现良好的免疫系统，会忽视肾脏，耐受芦笋，消灭针虫。

但是，如果免疫系统将上面所说的类别搞混了，那么就会出现问题。我们希望它去攻击针虫以及其他不应该有的东西——比如细菌、病毒和真菌——因为这样可以维持我们身体的健康。但是当免疫系统攻击其他两类事物时，无疑会对我们维持健康没有任何帮助。

攻击应该有的东西会导致自身免疫性疾病，比如，攻击胰腺会导致1型糖尿病，攻击关节会导致类风湿关节炎。攻击可以有的东西会导致过敏（比如花粉和乳胶手套）。

我们不知道为什么有些人会过敏。我们以同卵双胞胎为例，他们拥有相同的DNA。如果其中一位对花生过敏，那么另一位只有64%的概率对花生也过敏。显然，过敏的发生并非单纯是基因的缘故，一定也受到环境的影响。如果环境是易产生过敏的，并且你还有过敏的遗传倾向，那么你就有可能发生过敏。

让我们先从环境因素开始。你呼吸的空气、吃的食物，以及接触的细菌（直接触摸的、吃下去的、喝下去的、吸入的以及揉眼睛进入体内的），这些都对发生过敏的概率产生影响。“卫生假说”提出，在孩童时期对可能引起过敏的物质的暴露量不足，会增加发生过敏反应的风险。由于免疫系统没有“遇到”过广泛的潜在入侵者，所以免疫系统不知道它是否安全，当暴露于无害物质中时，免疫系统会过度反应。比如，花粉热。1873年，英国内科医生查尔斯·布莱克利（Charles Blakely）认为：

> *花粉热据说是一种贵族疾病，毫无疑问，它往往局限发生于社会的上层阶级，除了受过教育的，在其他阶层的人中很少发现。*[1]

布莱克利甚至自己都沉浸于这奉承谄媚的描述当中，他自己也患有花粉热。他声称，患有花粉热的人都是像他一样优雅的男士，包括医生、牧师或者军人。布莱克利建议的治疗方式同样只适用于上层阶级——“海边旅游”或者“乘坐游艇出行”。这些方式为何有效？因为患者远离了植被密集的区域。

实际上，花粉热并没有对哪个阶层的人有独特的偏好。但是布莱克利的观察结果可以用卫生假说来解释。贵族们的童年可能大多在室内度过，然而，出生于下层农民家庭的孩子在换牙之前就到地里收割小麦，他们早期接触了大量的花粉，告诉他们的免疫系统花粉是安全的。但是贵族的孩子可能会在参观教学中才第一次遇见小麦的花粉。因为以前从来没有遇到过这个物质，他的免疫系统就会攻击花粉，就像攻击其他无法识别的外来入侵者一样，比如流感病毒。结果是什么呢？花粉热开始发作，伴有眼睛肿胀、流鼻涕、喉咙发痒。

现在让我们再来说一说导致过敏的遗传因素。查尔斯·达尔文的进化论可以帮我们解释过敏的遗传倾向是如何进化的：适者生存。早期人类免疫系统还不完善，无法识别沙门氏菌，在基因传递之前就死于了感染。只有那些拥有更敏感的免疫系统，能够识别沙门氏菌的人得以存活下来，并将他们敏感的免疫系统传递给下一代。随着世代的延续，对这些拥有健康的免疫系统的人的自然选择导致了免疫系统敏感性不断地增加。但是，敏感性的提高只对免疫系统一方面有利。最终，进化的过程产生了那些免疫系统过于敏感的人类，即那些对花生或花粉反应过度的人，或者说，易于发生过敏反应的人。

免疫系统过度敏感的人一般不会死，因为大多数的过敏反应并不是致命的，只要他们间歇性肿胀的眼睛和不停流涕的鼻子不会把他们的伴侣吓跑，他们就可以繁殖后代，传递基因。从进化的角度来看，拥有一个紧张的、可引起过敏反应的免疫系统要比拥有一个迟缓麻木的免疫系统更好。错误地攻击花粉可能会导致荨麻疹以及发痒，但它并不像麻疹一样能结束你的生命。通过进化，我们成为拥有免疫系统的物种，通常情况下我们的免疫系统会保持稳定状态，虽然有的时候它的敏感度增加，引发过敏。

这些尚不能完全解释过敏产生的原因。比如说，为什么一个成年人在养了十几年腊肠狗后突然对狗过敏；或者为什么有些曾经容易过敏的人不知从何时起不再过敏了。演员巴迪·埃布森（Buddy Ebsen，1939年的《绿野仙踪》中铁皮的扮演者）对化妆品中的铝尘过敏，这迫使他放弃了演员这份工作，后来又因为过敏导致呼吸衰竭住过院。对他来说，宇宙世界是如此的残忍。有的人还乐意与自己过敏的东西一起工作，就像布莱恩·拉达姆（Brain Radam，英国割草机博物馆馆长，他对草过敏）和伊恩·拉格（Ian Wragg，英国达拉姆郡儿童魔术师，他对他塞进帽子中的兔子过敏，后来被迫辞职）。有时候，免疫系统似乎也通过魔法发挥作用。

*

就像易过敏人的免疫系统一样，免疫学家对过敏这一词也非常敏感。为了避免混淆，我们在进一步讨论之前先明确一些定义。你对某个物质过敏，这个物质叫作“过敏源”（引起你过敏）。激发免疫系统的过敏源特定化学组分叫作“抗原”（刺激抗体生成）。免疫系统产生的与抗原反应的Y形蛋白叫作“抗体”（有时也叫抗毒素）。Y形结构非常有用：Y的两臂与抗原结合，下方的长臂可以被其他免疫细胞识别并结合。你可以斜向上地张开双臂，形成一个“Y”形来模拟自己是一个抗体。你的手代表抗体的可变区：两边是完全相同的，都可以精确地抓住特定的抗原——比如花生成分中的某一部分。

假设你对鸡蛋过敏。当你第一次吃蛋卷时，什么也不会发生。但是你不知道的是，体内的免疫系统已经检测到了鸡蛋蛋白抗原的存在，但是错误地将它归为“不应该有”而不是“可以有的”类别。免疫系统开始惊慌失措地产生大量鸡蛋特异性抗体。这个过程，即免疫系统第一次对无害的鸡蛋抗原产生抗体就叫作致敏。这些抗鸡蛋抗体分散于身体各处，它们将Y形抗体的长臂插入一种叫作肥大细胞的白细胞上，让它们寻找鸡蛋的“手”伸向外面，准备结合未来可能经过的鸡蛋抗原。肥大细胞一词（mast cell）来自德语“Mastzellen”（意为“肥胖的细胞”或“喂养良好的细胞”），因为这些细胞内含组胺而膨大。组胺是引起过敏症状的主要物质。

如果机体第二次摄入鸡蛋蛋白抗原，那么你吞下的鸡蛋蛋白抗原很快就会接触从肥大细胞那里伸出的“手”。鸡蛋蛋白抗原与抗体的“手”结合触发肥大细胞释放组胺到周围组织中。组胺的一般效用是扩张其前行过程中遇到的组织。比如说它可以扩张血管，血流量的增加会使更多的白细胞加入对鸡蛋蛋白的攻击当中。组胺浸润的区域，比如说嘴唇和舌头，都有过多的液体积聚导致肿胀。组胺还可以激活周围的神经纤维引发瘙痒。因此，服用抗组胺片可以中和过量的组胺来缓解症状。

特定的过敏症状取决于过敏源接触的位置和组胺释放的位置。触摸、吸入或者使用过敏原会分别导致手、气管或者舌头肿胀。那如果接触过敏原的位置是你的生殖器呢？这是2007年报道的一个特别的病例报告的重点内容：“巴西坚果引起的性传播过敏反应。”[2]案例中的20岁女子“在与男伴进行性交后不久”出现了大面积的荨麻疹，“阴道出现明显的瘙痒和肿胀”。她贴心的伴侣一直非常小心：

> *……他知道女伴对坚果严重过敏，所以他在性交前非常认真地洗了澡、刷了牙并且清洁了指甲。但他在两三个小时之前吃了一包混合坚果，其中包含4～5颗巴西坚果。*

医生们推测，也许男子的精液里含有巴西坚果的成分。如果男子吃了巴西坚果，那么巴西坚果蛋白（抗原物质）会不会移动到睾丸当中最终进入到精液里呢？为了验证这个推测，医生向男子要了两份精液样本：一份是吃巴西坚果之前的精液，另一份是吃了巴西坚果几个小时之后的。在征得女子同意之后，医生将这两份精液滴在了女子的皮肤上。第一个样本并未让皮肤产生反应。而吃了巴西坚果之后的那份样本使皮肤起了大量的红疹。“我们认为，这是第一例发生性传播过敏反应的病例，”该报道的作者总结道，“遗憾的是，后期因为各种原因没有通过其他技术跟进检测巴西坚果蛋白是否真正进入到精液当中。”如果真是这种情况，那么该女子的过敏反应完全可以通过佩戴避孕套来避免，除非她对乳胶也过敏。

避孕套是一种“预防性避孕用品”，在希腊语中本意是“保护性”。与“预防”相反的是“过敏性休克”（对抗“保护性”）。发生过敏性休克时，免疫系统非但不保护自身，反而像有了穿孔的避孕套一样失效。过敏性休克是最严重的过敏。组胺与炎性物质不受控制的受体遍布全身，而不仅仅是在接触过敏原的地方。血压因为血管急剧扩张而下降。被剥夺血液的器官开始衰竭。液体从血管渗入到周围组织当中：眼睑肿胀闭合，舌头肿胀堵塞气管。尽管你可以把肿胀的舌头移开，但在这种情况下，抗组胺片也并不会起太大的效果。你能活下去的唯一希望就是注射大剂量的肾上腺素，其他的都不起效。肾上腺素是一种由肾上腺自然分泌的激素，具有抗组胺的作用。它会收缩血管，缓解肿胀并开放气道。如果不注射肾上腺素，过敏性休克可以在15分钟内导致死亡。但是就算注射了肾上腺素，也有可能无法挽救严重过敏性休克的人。

肾上腺素笔（一种将肾上腺素装进笔形容器的设备）是明亮的双色便携式肾上腺素针，每个患有严重过敏的患者都应该备一支。如果发生了过敏性休克，将笔的橙色末端用力压在大腿的一侧（不用考虑是否需要把牛仔裤脱下来，因为针很尖），然后按下蓝色的那一段来注射。有一个使用口诀是“蓝色对天空，橙色对大腿”，用来提醒使用者，因为他们的眼睑可能会迅速肿胀闭合然后分辨不清。肾上腺素笔的橙色端是尖尖的针头，蓝色端标记着“按下这里注射肾上腺素”。如果不小心将这支笔翻转了过来，向拇指内注射了肾上腺素，这会导致局部血管的收缩，使拇指失去血液供应，然后萎缩死亡。当然，即使真出现了这种情况，还是有可能先死于过敏性休克。

过敏性休克一词是法国生理学家夏尔·里歇（Charles Richet）于1902年最先提出的。在一次海洋学探险中，他将海葵和葡萄牙战舰水母的毒液注入狗的体内，起初，被注射的狗没发生反应。22天后，他又给狗注射了相同的物质。这次狗非常难受，25分钟之后便死亡了。第一次注射使狗处于致敏状态，而第二次注射后便引发了过敏反应。他的研究虽然不被动物权益保护者所接受，但是却为他赢得了1913年的诺贝尔生理学或医学奖。在获奖感言中，里歇这么说道：

> *过敏性休克，对个体来说也许是一件遗憾的事，因为它往往对个体有害，但是对物种来说却是有必要的。个体可能会死亡，但这并不重要。物种需要在任何时候保持其有机的完整性。*

总结：当免疫系统对一些无害的东西反应过度时，就会导致过敏的发生。它们是人类为了拥有一个可以识别并且消灭真正危险的入侵者的免疫系统所付出的代价。遗憾的是，总有一些人的免疫系统对“入侵者”的定义比较宽泛，所以更容易过敏。

知识链接

疫苗的免疫记忆

我对蜜蜂过敏，所以我很容易记住产生抗体的免疫细胞是“B细胞”。*无论入侵者是蜂毒素还是破伤风毒素，都是B细胞产生抗体去对抗它们。在感染期，抗体有两个主要作用。首先，当一群抗体以狗仔队的方式接触病原体时，它们会在体内阻止病原体的传播。第二，免疫系统中吞噬微生物的白细胞会将任何被抗体标记的物质视为“等待破坏”。

假设你是第一次感染麻疹。B细胞需要4天左右的时间来识别感染，并产生麻疹特异性抗体。抗体的浓度将在第10天左右达到峰值，然后随着感染的清除而逐渐下降。但是B细胞只是在初次感染时才如此缓慢地发挥作用。如果再次感染了麻疹，第一次感染后产生的“记忆B细胞”将在一天之内释放产生特异性抗体。返场的细胞存在时间也更长，产生的效用也更强，激活的记忆B细胞产生的抗体是首次反应的100～1000倍。

如果我们可以跳过B细胞那第一次缓慢而又笨拙的“彩

---

* B细胞是在骨髓中产生的，但是这个B并不是骨头（bone）。相反，这个B代表的是“法氏囊”（Bursa of Fabricius），即鸟类产生B细胞的部位。1621年，意大利解剖学家希罗尼姆斯·法布里西乌斯（Hieronymus Fabricius）首次发现了这个结构，定位于鸟类的泄殖腔（多用途的单通道，用于排尿、排便和交配）。

排”呢？如果你的体内已经有熟悉如何打仗的麻疹特异性记忆B细胞的话，那么你感染麻疹后症状会很轻。事实证明，你可以跳过“彩排”，那就是通过接种疫苗。

大多数疫苗都含有病原体成分，它没有致病作用，但是它可以让免疫系统提前认识病原体的样貌——一般是微生物的外壳这样的抗原，或者是内部的化学物质。在注射后的几天，B细胞会缓慢地产生初次反应。B细胞识别发现抗原是外来的，分泌出抗体，抗体的可变区域结合抗原，同时记忆B细胞也开始形成。此时“彩排”任务完成了。如果你真的感染了破伤风/麻疹/腮腺炎，体内的记忆B细胞会立即激活。病原体特异性抗体在一天之内就会分泌，而不是4天，所以病原体的入侵可以很快得到控制，理想情况下就是这么快，甚至你可能都不会发病。

关于T细胞

在幼儿时期，你的免疫系统就学会了认识熟悉构成自己身体的细胞——比如胰腺细胞和肾细胞。了解认识自己身体的组成细胞的过程发生在胸腺内，胸腺是一个长得像百里香叶一样的腺体，位于胸骨后面。在胸腺中，一种叫作“T细胞”（T代表着胸腺）的新生白细胞接受认识各种“自我组织”样本的挑战——也许是皮肤细胞样本，也许是睾丸组织样本。如果婴儿的T细胞暴力地对这些样本发起攻击，那么这些T细胞就会凋亡。只有耐受自身组织细胞的T细胞才能顺利地从胸腺毕业，进入体内更广阔的世界。

血液中巡逻的白细胞是通过与病原体的接触而发出预警的。这通常不是什么问题，漂浮于血液中的零散的病原体会不可避免地与白细胞接触。但是为了逃避免疫系统的监视，尤其是一些狡猾的病原体——特别是病毒或真菌——将自己隐藏在细胞当中，而不是漂浮于血液中。任何隐藏于细胞内的病原体一般都不会隐藏于白细胞中，除了T细胞。这些从胸腺毕了业的白细胞可以检测到细胞内的入侵者，就像警犬可以发现藏在毒贩手提箱中的可卡因。被激活的T细胞发动了一场分子闪击战，导致感染细胞发生内裂解、爆裂或者化学物质爆发。对胞内病原体来说，这是一次不错的尝试。

对于躲在细胞内的病原体来说，消灭嗅探犬T细胞是它们得以入侵的最后策略。T细胞是未被发现的侵入、复制或者引起大规模感染的病原体的唯一阻碍。这就是HIV（人类免疫缺陷病毒，即艾滋病病毒）天才般的策略。HIV特异性地感染T细胞，然后在T细胞内增殖裂解释放，在这个过程中摧毁了T细胞。随着越来越多的T细胞被入侵裂解，感染者的免疫系统越来越弱。当T细胞的计数低于一定数量时，人类就会患艾滋病，即获得性免疫缺陷综合征。患者会因大范围感染而死亡。但是值得庆幸的是，现代药物在阻断HIV攻击T细胞方面有很强的作用，因此，即使真得了艾滋病也不再是被判了死刑，艾滋病已经是一种可防可控的慢性疾病。

易引发过敏的八大食物

谈到食物过敏，有8种食物占据过敏反应的90%以上：花生、牛奶、鸡蛋、木本坚果、鱼、贝类、大豆和小麦。如果你想设计一份过敏菜单，那么试试泰国菜——混合了面条、贝类、花生和大豆——这是多么糟糕的选择啊！

参考文献

[1] Blackley, C. H. Experimental Research on the Causes and Nature of Catarrhus Æstivus. Oxford Historical Books (1988). First published: Bailli è re, Tindall and Cox (1873).

[2] Bansal, A. S. et al. Dangerous liaison: sexually transmitted allergic reaction to Brazil nuts. Journal of Investigative Allergology and Clinical Immunology, 17 (3), 189-191 (2007).

痤疮

为什么你的脸上会出现痘痘？为什么酸、水蛭和泻药都不能消除它们？

只要人类有皮肤，那么就会起痤疮。痤疮是一种皮肤疾病，会导致粉刺的暴发。古埃及、古希腊以及古罗马都曾记载了痤疮的特征。法老王图坦卡蒙（Tutankhamun）木乃伊化的脸上就有痤疮瘢痕。他的墓地里有各种蜂蜜制成的治疗物，以期来世他可以进行有效的护肤。希波克拉底和亚里士多德也描述过青春期“当第一根胡子长出来时”脸上出现丘疹的现象。像普林尼这样的罗马学者也提到了类似的“渗出与疼痛的高峰”。

痤疮这个词的来源尚不明确。有一种理论认为，痤疮（acne）一词来自古希腊语，因为古希腊人将青春期称为“acme”（高峰），因为这个时期是一个人成长和发展的高峰期。希腊历史学家卡修斯（Gassius）在公元3世纪时写道：“这些红疹出现在青春期的人的脸上，所以外行人管它叫作‘acmas’。”[1] 快进300年，另一位希腊作家阿米达·埃提乌斯（Aëtius of Amida）忙于誊抄卡修斯的部分作品，也许是抄了太多遍，埃提乌斯犯了一个错误，他把“acmas”抄成了“acnas”。这个新词进入了医学读本当中，于是“acma”以后都被称为“acna”（痤疮的单数形式）。也许这是一个有趣的故事，但是大多学者并不相信这是“草率的埃提乌斯”的故事。

1564年，法国内科医生格雷乌斯（Gorraeus）声称，“之所以这么称呼它，是因为它不痒”，这意味着源自希腊语的a+cnao的意思是“不痒”。皮肤科医生罗纳德·格兰特（Ronald Grant）在1951年发表的文章《痤疮的历史》（*The History of Acne*）中说，痤疮这个词来源于埃及语aku-t，意思是“疖子、囊疮、疮、溃疡、脓包，以及任何的炎症性肿胀”。[2]

被痤疮困扰的可不仅仅是词源学家，有高达90%的青少年都患有痤疮，因此它正确的医学名词是“寻常性痤疮”（“寻常”在拉丁语中是“普通”的意思）。一般来说，痤疮在十几岁时开始起，直到20多岁，但有些人直到成年之后依然还在起。在格兰特1951年写的那篇文章中，他有一个清晰的观点：

> *痤疮并不能被看作是一种严重的疾病，也不能以生死来衡量，但是它带来的影响与它的严重性相比远远不成比例，它会严重干扰处于对毁容最敏感的年龄阶段的年轻人。*

有的人可能认为，所有年龄段的人对“毁容”都很敏感，但是他的观点确实是非常客观。

*

人体拥有无数可以分泌液体的结构，叫作腺体。泪腺分泌眼泪，乳腺分泌乳汁，黏液腺、唾液腺和汗腺分别分泌黏液、唾液、汗液。当提到痤疮时，我们首先考虑的是皮脂腺。皮脂腺位于皮肤表面之下，分泌一种叫作皮脂的油性混合物。摸摸鼻子的两侧，你感觉到的油腻的东西就是皮脂。油脂其实才是正确的说法，因为所谓的皮脂在拉丁语中也是油脂（sebum）的意思，与sapo相联系，sapo在拉丁语里是肥皂（soap）的意思（肥皂也是油脂，只不过加入了香料和浓碱，然后分成数块，再以高价售出）。油脂并不是一种单纯的物质，它是由甘油三酯、胆固醇、蜡酯和“角鲨烯”（鲨鱼肝脏中的主要油脂成分）混合而成的物质。

皮脂通过毛孔到达皮肤表面。毛孔覆盖你的每一寸皮肤，不仅排出皮脂，还排出汗液。皮脂从毛孔渗出，在你的全身形成一层油性涂层，它起润滑与锁水的作用，防止皮肤变得干裂发痒。微酸性的性质也可以作为一层微生物屏障，侵入的细菌无法忍受较低的pH。

大部分的毛孔都有汗毛。仔细看看你的前臂就不难知道这一点。下面让我们将目光聚焦到一根汗毛上。你看到它从皮肤里长出的地方了吗？这是一个孔。沿着毛囊向里走，然后往旁边看，你会看到皮脂腺向皮下毛发周围释放的皮脂。皮脂将汗毛包围，然后从上方的毛孔渗出。除了手掌和脚底的皮肤，你的每一个毛孔都有这样一个油脂工厂——皮脂腺。

哪里有皮脂腺，哪里就可以长一个痘痘。

产生粉刺，就像制作蛋黄酱一样，首先需要大量的油脂。当毛囊的皮肤自然脱落后，这些皮肤薄片会堵塞住毛孔。坚定的皮脂腺不停地向外吐油。皮脂慢慢沉积于毛孔之中，无法到达皮肤表面。细菌之前就在皮肤上大量定居了，一旦它们发现了这个堵塞的“油井”，便会聚集过来吸取养料。

像飞蛾一般，白细胞迅速地迁移到战场上，对细菌进行剿灭。白细胞死亡后使皮脂、皮肤碎片和细菌变稠，形成乳白色的脓液。脓液使毛囊扩张，皮下体积的增大造成了特有的丘疹肿块和疼痛。虽然将脓液挤出让你很舒服，但是千万不要这么做，因为这么做很可能会使毛囊破裂然后留下疤痕。

鸟瞰你的脸，一个个充满脓液的毛囊形成了一个个白点。这种“白头”丘疹外面有一层薄薄的壁，保护脓液避免与空气接触。如果没有这层薄壁，暴露的脓液就会因为氧化作用而变黑（这跟切了的苹果颜色变成棕色是一个道理），而并不是被困的脓液赋予了“黑头”深深的颜色。

痘痘的脓液可以扩散到毛囊下面更深的地方，形成一个疼痛发热的肿包（在医学术语中叫作“疖”）。有时，邻近的几个毛囊会发生深部的感染，导致大片“疖子”的融合。这些脓液在皮肤下面形成了一片巨大的脓湖，叫作“痈”。在皮肤的表面，脓液从多处毛囊中渗出，就像一群白色小蠕虫从毛孔中蠕动出来一样。德国革命政治理论家卡尔·马克思（Karl Marx）曾经饱受痈的困扰，他寄给弗里德里希·恩格斯（Friedrich Engels）的书信中曾描述过他所受到的这种折磨。[3]

*

几千年来，关于引发粉刺的原因众说纷纭。希腊诗人忒奥克里托斯（Theocritus，大约于公元前300年出生）声称，鼻子上起的丘疹是说谎导致的。在接下来的几个世纪中，医生们将产生粉刺的原因归咎于以下几个方面：需要集中精神和注意力并且需要大量血液流向头部的任务，无节制的精神劳动或让人四肢疼痛的体力劳动，久坐不动或生活懒散，怀孕、月经以及寒冷和潮湿的气候。

在1833年出版的著作《实用医学百科全书》（*The Cyclopaedia of Practical Medicine*）中，作者坚持认为，“痤疮”的发生与“肠道便秘”密切相关。[4]事实上，这两种疾病都涉及堵塞——只不过分别是毛囊和肠道——这就是这两种疾病唯一的关联了。19世纪时，有些医生认为，痤疮与性行为相关，“性释放不足会导致痤疮”。有的医生称痤疮是“贞洁的脓包”，他们认为粉刺是由处女皮肤上毒素的积累所导致的。当然，治疗的方式肯定不是进行性欲的释放，而是使用泻药，通过排出粪便得以释放（有时还加上放射疗法，以期取得良好的疗效）。

再后来，饮食学说出现了。1922年，皮肤科医生乔治·麦基（George Mackee）声称，保持白嫩的皮肤需要：“不吃糖果、糕点、苏打水、冰淇淋、巧克力、热量高的食物、油炸食品、可可和肉汁，少摄入茶、咖啡、酒和香料。”[5]在皮肤病学家和梅毒学家（确实该这么叫，因为他是治疗梅毒的专家）赫尔曼·古德曼（Herman Goodman）于1936年出版的书《美容皮肤病学》（*Cosmetic Dermatology*）中被禁食品的名单里又加入了一些奇怪的条目：“淀粉食品、面包卷、面条、意大利面、土豆、油性坚果、炒杂碎、炒面和华夫饼。”[6]事实上，并没有明确的证据表明任何特定的食物——包括巧克力，可能是被妖魔化最严重的食物——会引发痤疮。所以你可以尽情地享用一盘肉汁华夫饼，不用担心痤疮会暴发。

关于痤疮的各种说法非常多，因为人们迫切地想把这些粉刺归咎到某些东西上。其实，痤疮的发生并不是由单一的因素造成的，但有几个因素可能会让你更容易发生痤疮：毛囊堵塞、皮脂腺与类固醇以及细菌引起的炎症反应。

每时每刻你都有表皮在脱落，排列在毛囊两侧的皮肤也不例外。随着毛发的生长，它应该把脱落的皮肤带到表面，进而保持毛囊的干净通畅。而痤疮患者毛囊内的皮肤细胞产生过多的角蛋白，这是一种在皮肤中自然存在的黏性蛋白。过量的角蛋白将皮肤细胞黏附在一起，防止它们自然脱落。而黏附在一起的皮肤细胞无法脱落，便形成了一个栓子，下面夹杂着皮脂。

痤疮患者的皮脂腺会大量分泌皮脂，就像服用了类固醇一样。事实上，腺体确实需要类固醇。健美运动员使用的增加雄激素的类固醇物质，也可以促进皮脂腺产生大量的油脂。雄激素（如睾酮）使体内肾上腺或卵巢和睾丸自然分泌激素。除了可以增强肌肉、增大喉结，以及使阴毛浓密之外，雄激素还可以使皮脂腺扩大。增大的皮脂腺可以分泌更多的皮脂。如果你发现一个有着搓衣板一样的腹肌的健美运动员得了痤疮，这很可能代表他的肌肉并不是“纯天然的”。大约一半滥用人工合成类固醇的健美运动员会因为产生了过量的雄激素而导致痤疮发生。随着青春期的来临，到了希腊人所谓的“第一根胡子长出来的时候”这个阶段，自然分泌的雄激素促进了痤疮的发生。但是痤疮也可以在更小年龄段的人当中发生。尤其是男婴儿，3个月大左右时如果雄激素水平升高刺激了皮脂腺的生长，就会导致新生儿痤疮大量发生。通常在孩子1岁生日时丘疹便清晰可见，与成人痤疮一样，婴幼儿痤疮也可能会留下疤痕。

痤疮丙酸杆菌［Cutibacterium，与其名字相违，它可一点儿也不“cute”（可爱）］引发了痤疮和一系列炎症反应——发红、发热、疼痛、肿胀。健康的皮肤上面定植着许多无害的细菌，比如葡萄球菌。通过密集地定居在皮肤上，这些友善的细菌不会给那些致病细菌留下定居和引发感染的空间。痤疮丙酸杆菌通常是友好细菌阵营的，它居住在毛囊提供的“油井”当中。但是如果它们被困在毛囊里（比如说因为黏黏的角蛋白栓塞），没有氧气的环境会让它们失控。由于缺氧，它们会将皮脂分解成为脂肪酸，从而引起周围皮肤的炎性反应。如果你的脸上有痤疮丙酸杆菌定植，并且产生比较强烈的炎症反应的话，你就得上了痤疮。

*

我礼貌地说一句，历史上那些治疗痤疮的方法都是不正确的。大多数古罗马人喜欢用发臭的硫黄浴来清洁皮肤。但是，罗马皇帝迪奥西多一世（Theodosius I，347—395）的随身医生却提出了一种更荒唐的治疗方式：

> *盯着天上闪闪发光的星星，尤其是在有流星在天空中划过的时候，用一块布或者其他的东西盖住痘痘。当星星划落时，痘痘会随着它从你脸上掉下来，但你要注意不要用手碰它们，否则痘痘会传到你的手上。*[7]

法国外科医生安布罗斯·帕雷支持痤疮是由于面部血液过多的理论，声称“很多水蛭……附着在皮肤上”可以清洁皮肤。1824年发表的一篇医学文章声称，痤疮可以通过催汗的药物来治疗，“尤其是与毒品结合时”。[8]虽然汗流浃背的鸦片狂欢可能会分散你对痘痘的注意力，但这对治疗痤疮并没有帮助。该文章还嘲笑了其他几种“价格过高”的治疗方法，包括铅粉（白铅）和高兰乳液（含有氯化汞）。但这些方法的真正问题不在于成本高，而是用这些重金属来治疗皮肤丘疹是非常危险的："滥用会导致面部形成非痤疮引起的疤痕，严重破坏患者的容貌。"[7]

如今，我们用面霜和药物治疗痤疮，疏通毛孔（而不是挤压），降低雄激素的活性或杀死细菌。清洁剂可以清除多余的油脂，但是过度的清洁会使皮肤脱水，并刺激皮脂腺分泌更多的油脂。1878年发表在《英国医学杂志》（*The British Medical Journal*）上的一篇文章中建议：

> *如果你的皮脂腺和毛囊超载了，可以通过食指和拇指之间给予压力让其得到释放，并且多用温水和燕麦片进行清洗；之后，用刷子进行柔和的摩擦可以去除一些粉刺。*[9]

而事实上，如果你有痤疮，我的建议是千万不要这么做。

总结：痤疮是由毛囊堵塞、皮脂腺分泌过多以及细菌感染所导致的。皮脂、皮肤碎片、细菌以及白细胞滞留混合形成脓液，这时从皮肤表面可以看到白色的痘痘。

知识链接

奇怪的风俗

Whitehead（怀特黑德）这个姓氏可以追溯到英格兰和苏

格兰北部的盎格鲁-撒克逊部落。金发（因为不是黑发，所以英文中用Whitehead）在当时非常吸引人注意，因此才有了这个描述性的姓氏。由于黑头发是一种常态，大多数人是黑发，所以“Blackhead”便没有作为一种姓氏而出现。我想说，如果中世纪时怀特黑德先生被面部起的白头所困扰，他可能会埋怨父母在婴儿时期没有用尿布擦他的脸。据苏格兰高地人的民间传说，这种令人恶心的仪式可以使婴儿未来避免发生痤疮。

高兰乳液

大约在1740年，约翰·高兰（John Gowland）发明了一款同名乳液，用于著名的美女金斯顿公爵夫人伊丽莎白·查德利（Elizabeth Chudleigh）的私人治疗，因为她的脸上起了黑斑。基础原料都是天然的：苦杏仁和糖。但有一个问题是，他加入了硫酸的衍生物氯化汞。这种乳液的作用是，通过日常揉洗，用化学方式剥离皮肤外层，达到去除任何皮肤变色的目的。这给公爵夫人带来了奇迹，高兰乳液的名声和销量都直线上升。几十年来，高兰乳液一直垄断着皮肤治疗行业。在简·奥斯汀（Jane Austen）的作品《劝导》（*Persuasion*）中，主人公安妮的父亲劝导道：

……在春季要多使用高兰乳液。在我的推荐下，克莱太太一直

使用它，你看看对她有什么帮助。好好瞧瞧，高兰乳液是如何带走她的雀斑的。

的确，也许这是因为通过化学方法去除了皮肤的表层。1776年高兰去世后，人们开始质疑高兰乳液引起的皮肤烧灼是否是有益的。1810年，北爱尔兰作家约翰·克里（John Corrie）用这样的话概括了公众对乳液不断变化的情绪：

高兰乳液剥掉女人的脸，现代优雅被疯狂地扭曲。[10] *（There's the lotion of Gowland that flays ladies' faces, Distorting the features of our modern graces.）*

别把手指放上去

英国皇家学会（伦敦皇家自然知识促进学会）于1660年在伦敦成立，是世界上历史最悠久的科学学会。每年它向几位杰出科学家提供会员资格，以表彰他们的突出贡献。在入会之前，这些科学家要在深红色签名簿上签下自己的名字。这里面包含许多科学界的重量级人物，包括查尔斯·达尔文、欧内斯特·卢瑟福、阿尔伯特·爱因斯坦、艾伦·图灵，当然，还有艾萨克·牛顿。艾萨克·牛顿的签名无疑是最让人感兴趣的，当人们总是用手指指向他的名字时，他们指尖分泌出的皮脂也沾在了纸上，当越来越多的人这么做时，长此以往，那个在牛顿下面可怜的签名［詹姆斯·霍尔（James Hoare），一个被人遗忘的金匠］，几乎已经被从羊皮纸上擦掉了。

参考文献

[1] Goolamali, S. K. & Andison, A. C. The origin and use of the word ‘acne’. British Journal of Dermatology, 96 (3), 291 - 294 (1977).

[2] Grant, R. N. R. The History of Acne. Proceedings of the Royal Society of Medicine, 44 (8), 647 - 652 (1951).

[3] Letter from Karl Marx to Friedrich Engels, 2 April 1867. Marx and Engels Collected Works Volume 42 p. 350. First published: abridged in Der Briefwechsel zwischen F. Engels und K. Marx, Stuttgart (1913) and in full in MEGA, Berlin (1930).

[4] Forbes, J. et al. The Cyclopaedia of Practical Medicine: Comprising Treatises on the Nature and Treatment of Disease, Materia Medica and Therapeutics, Medical Jurisprudence, Etc. Etc. Volume 1. Sherwood, Gilbert, and Piper (1833).

[5] Mahmood, N. F. & Shipman, A. R. The age-old problem of acne. International Journal of Women’s Dermatology, 3 (2), 71 - 76 (2017).

[6] Goodman, H. Cosmetic Dermatology. 1st ed. McGraw-Hill (1936).

[7] Randazzo, S. D. Acne in the History of Dermatology. Journal of Applied

Cosmetology, 9 (3) (1991).

[8] Good, J. M. The Study of Medicine: With a PHysiological System of Nosology. Bennett & Walton (1824).

[9] Startin, J. The Treatment of Acne. The British Medical Journal, 1 (913), 932 (1878).

[10] Thompson, C. J. S. The Mystery and Romance of Alchemy and PHarmacy. Scientific Press, Limited (1897).

致 谢

我的患者对疾病和人体的好奇心激发了我创作这本书的想法，出版团队的耐心工作赋予了这本书鲜活的生命。

我想对孜孜不倦的编辑杰夫·斯莱特里（Geoff Slattery）说：谢谢您。您用天才般整形外科医生一样灵巧的双手，不断地调整、修改、精简我的作品。

感谢哈迪·格兰特出版社（Hardie Grant）团队给予我的信任，感谢你们不辞辛劳地工作，让我的拙作得以问世。

在这里，我还想对神经学家罗伯·韦塞林博士（Dr.Robb Wesselingh）和艾玛·福斯特博士（Dr.Emma Foster）说：作为我的导师，我的榜样，你们筑牢了我医学生涯的根基。非常感谢你们多年来对我研究以及写作工作给予的支持。你们所掌握的医学专业知识，已难以用价值衡量。

最后，我要感谢我的患者。你们不断地询问以及对知识的渴望促使我撰写了这本书。谢谢你们信任我、教导我，以及听我讲笑话时礼貌地笑。

索 引